내 손으로 만드는
데일리 백팩 25

추천사

세상에는 다양한 가방이 참 많습니다. 눈에 익숙한 가방도 이름을 알고 나면 '아~, 이게 그 가방이구나!' 라는 깨달음을 얻을 때도 종종 있습니다. 소잉을 시작한 초보자에겐 작은 파우치와 에코백 만들기는 통과의례와도 같죠. 저 또한 그러한 과정을 거쳐서 다양한 디자인의 가방 만들기를 배우고 또 즐기게 되었습니다.

가방 분야의 최상의 난이도는 뭐니 뭐니 해도 백팩입니다. 형태와 용도의 다양함과 비교적 큰 사이즈, 어깨끈과 손잡이, 지퍼 여밈 등. 가지각색의 디테일을 생각하면 만들기도 전에 머리가 아파집니다. 하지만 자주 접하고 활용도가 높기 때문에 기필코 만들고야 말겠다는 욕심이 생기고, 저를 포함하여 소잉을 하는 이들에게 아이들 백팩과 등산용 가방, 책가방, 외출용 가방들은 인기 있는 아이템입니다.

이 책은 다양한 백팩의 실물 패턴과 그 세세한 제작방법을 수록하고 있어, 백팩에 도전하고자 하는 사람들에게 충직한 길잡이가 되어줄 것입니다. 특히 우리가 그동안 쉽게 보지 못했던 다양한 디자인의 백팩도 수록되어 있다는 점은 이 책의 가장 큰 매력입니다. 천으로 만든 가방은 가죽으로 만든 가방보다 가볍고 실용적이라 앞으로 더욱더 사랑받을 것이며, 내가 직접 만들었다는 자체만으로 소중하고 가치 있게 느껴질 것입니다.
그동안 마음속에 생각해놓은 디자인이 있다면 이 책에서 한 번 찾아보세요. 가방을 완성한 후, 주변에서 듣게 될 찬사는 이 책이 드리는 작은 선물이 될 것입니다.

2018년 예산에서 봄을 기다리며

최미경
현) 한국머신소잉협회 이사

내 손으로 만드는
데일리 백팩25

초판 1 쇄 인쇄　2018 년 02 월 26 일
초판 1 쇄 발행　2018 년 03 월 05 일

발행인	정용효
기획	이슬희, 현보경, 정다은
번역	손수현
감수	브라이언
편집	김다영
인쇄	웰컴P&P
신고번호	제2016-000002호
신고일자	2016년 01월 26일
발행처	주)핸디스 소잉스토리
	광주광역시 북구 서암대로 133 (신안동), 3층
대표전화	062_513_8957
팩스	062_522_8827
문의전화	070_8893_9218
홈페이지	소잉스토리 www.sewingstory.com
원단 구입처	심플소잉 www.simplesewing.co.kr
ISBN	979-11-88062-12-6　13590
판매가	15,000원

※ 잘못 인쇄된 책은 구입처에서 교환해 드립니다.
※ 소잉스토리는 소잉 D.I.Y 취미실용서를 출간합니다.

이 도서의 국립중앙도서관 출판예정도서목록(CIP)은 서지정보유통지원시스템 홈페이지 (http://seoji.nl.go.kr)와 국가자료공동목록시스템(http://www.nl.go.kr/kolisnet)에서 이용하실 수 있습니다.(CIP제어번호: CIP2018005629)

STAFF

편집	矢口佳那子　泉谷友美
	松井麻美　菊池絵理香
감수	野﨑文乃
촬영	藤田律子(삽화) / 腰塚良彦(프로세스)
편집디자인	牧陽子
일러스트	加山明子
패턴	宮路睦子
편집장	高橋ひとみ
발행인	内藤　朗
발행처	株式会社ブティック社

contents

– 실물크기 패턴에 대해서 –

이 책에는 부록으로 실물크기 패턴이 1장(2면) 들어있습니다. P.33의 〈실물크기 패턴 사용방법〉을 숙지한 후, 다른 종이에 베껴서 사용해주세요.

1
2

1 · 2
데일리 백팩

만드는 방법 - **P.26 (사진 제작 설명서)**

넓은 바닥으로 많은 물건을 수납할 수 있는 기본 스타일의
데일리 백팩입니다. **1**은 선명한 그린 컬러의 8수 캔버스 원단
으로, **2**는 네이비 컬러의 스트라이프 원단으로 만들었
습니다. P.26에서 만드는 방법을 사진으로 쉽게 설명하
고 있으니, 원하는 원단을 골라 지금 바로 만들어 보세요!

안쪽에도 주머니를 달아 실용성을 높였습니다.

바닥에는 스웨이드 원단을 사용했습니다.

1 · 2 제작 / 金丸かほり

<u>**3**</u>

<u>**3 · 4**</u>

사각 휠 프레임 백팩

만드는 방법 - **P.40**

입구를 크게 열 수 있어 편리한 휠 프레임 백팩입니다.
사각 형태로 노트나 서류 등의 모서리를 구부러지지 않
고 안정감 있게 넣을 수 있습니다. **3**은 북유럽풍의 플
라워 프린트 원단으로 여성스럽게. **4**는 나일론 클래씨
원단에 포인트로 라벨을 달아 멋스럽게 만들었습니다.

4

3 · 4 제작 / 清野孝子

4의 안감은 체크무늬 원단을 사용하여 포인트를 주었습니다.

5

5 · 6
토트형 백팩
만드는 방법 - P.36

세련된 실루엣이 매력적인 토트백 형태의 백
팩입니다. **5**는 나일론 클레씨 원단에 라벨을
달아 스타일리시하게. **6**은 네이비와 흰색의 스
트라이프 원단을 사용하여 마린풍의 느낌으로
연출했습니다.

5의 안감은 스트라이프 원단을 사용했습니다.

가방 밑바닥에 가방발을 달아 오염 방지와 장식
효과를 주어 효율성을 높였습니다.

6

7

7
복조리형 백팩
만드는 방법 - P.46

큰 아일렛에 로프를 통과시켜 입구를 조일
수 있는 복조리 형태의 백팩입니다. 귀여운
일러스트의 원단으로 만들면 심플한 디자
인에 귀여운 포인트가 됩니다.

옆쪽에 손잡이를 달아 내용물을
꺼내기 편리합니다.

<u>8</u>

등쪽에 지퍼를 달아 물건을
넣고 빼기 편리합니다.

<u>8</u>
플랩형 백팩
만드는 방법 - **P.48**

북유럽풍의 나비 프린팅이 세련된 백팩입니다. 단
추에 끈을 감아서 고정하는 플랩으로 포인트를 주
었습니다. 달기 쉬운 핸들 부자재를 사용하여 쉽고
간단하게 만들어 보세요.

<u>9</u>
토트형 2way 백팩
만드는 방법 - P.50

카모플라쥬 무늬의 2way 백팩입니다. 가방 입구에
손잡이를 달았기 때문에 토트백으로 사용하거나, 가
방 입구에 달린 끈을 여며 백팩으로 사용할 수 있어
활용도가 높은 아이템입니다.

9 제작 / 金丸かほり

가방 입구의 양옆에 끈을 달고,
스냅 단추로 여밀 수 있도록 만들었습니다.

등쪽

10

안감에는 밤하늘의 우주
프린트 원단을 사용했습니다.

10
버클 여밈 백팩
만드는 방법 - P.43

데님 팬츠로 만든 듯한 독특한 프린트의 백팩입니다.
넉넉한 사이즈로 입구에 달린 스트링 끈을 조여 여밀
수 있으며, 버클로 덮개를 고정하는 디자인입니다.

11

사이드 포켓 백팩

만드는 방법 - **P.55**

라임과 그레이 컬러의 조합으로 스포티한
느낌을 주는 백팩입니다. 양옆에 깊은 주
머니를 달아 3단 우산. 물병 같은 큰 소지
품을 담을 수 있습니다. 손잡이에 달린 스
트랩을 이용해 손잡이를 고정해 주세요.

12

12
크로스백 & 백팩

만드는 방법 - **P.62**

크로스백으로도 활용할 수 있는 독특한 디자인의 백팩입니다. 지퍼 여닫기와 어깨끈의 고정 위치를 바꾸는 것만으로도 간단하게 두 가지 방법으로 활용할 수 있습니다.

〈백팩을 크로스백으로 바꾸는 방법〉

① ★의 연결고리를 떼어내고, 입구의 지퍼가 보이도록 놓습니다.

② ◎의 D링을 ☆의 연결고리에서 떼어내고. ★의 연결고리에 연결합니다. 마지막으로 어깨끈의 지퍼를 잠궈줍니다.

13

14

13 · 14
스트링 백팩
만드는 방법 - P.58

누구에게나 인기 있는 스트링 타입의 백팩은 직선 봉제
만으로도 쉽게 만들 수 있습니다. **13**은 비비드한 핑크 컬
러의 코튼리넨 원단으로 만들어 경쾌하게, **14**는 일러스
트 프린팅 원단으로 만들어 멋스럽습니다.

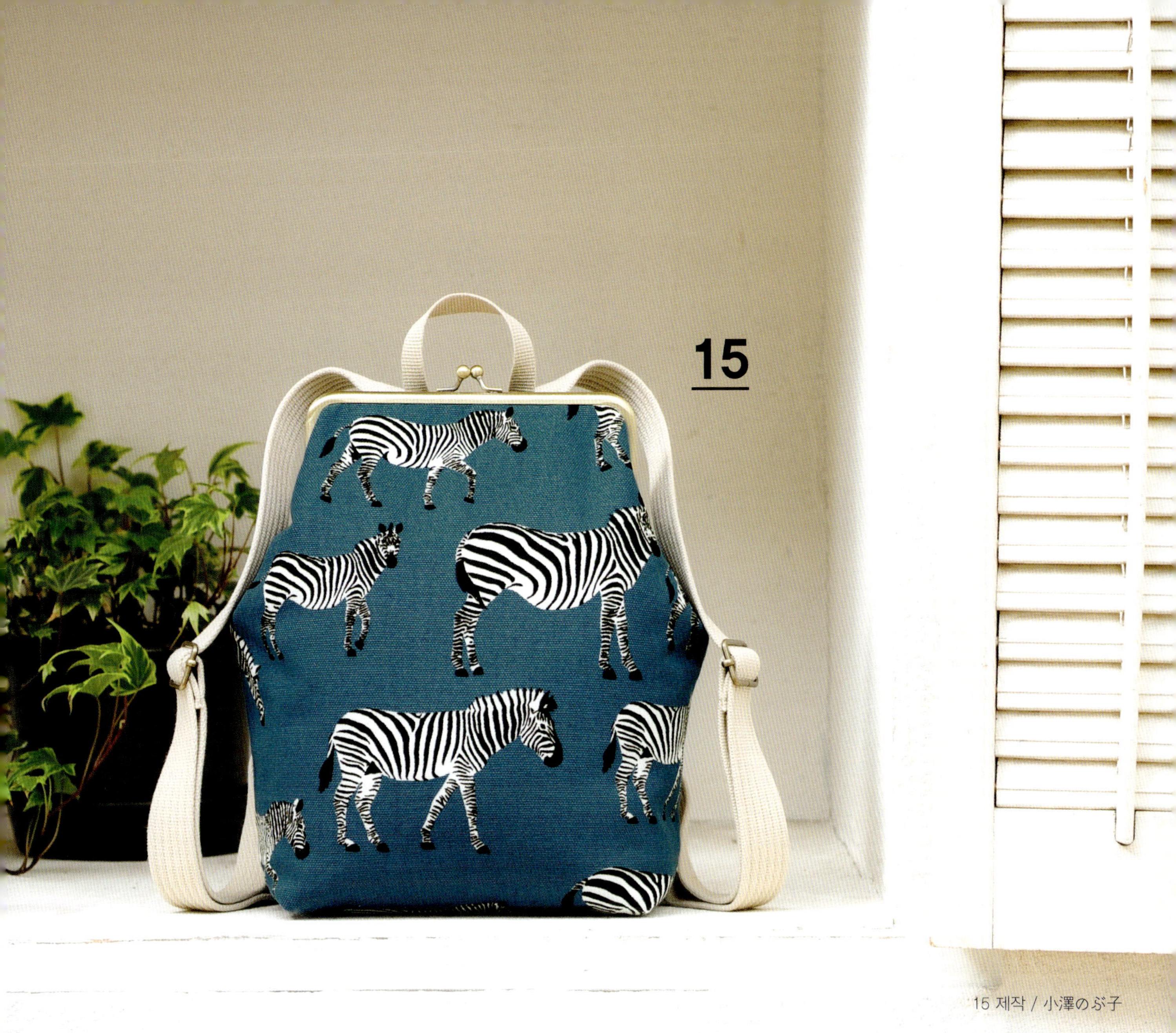

15 제작 / 小澤のぶ子

15

프레임 백팩

만드는 방법 - P.60

얼룩말 무늬가 귀여운 작은 사이즈의 프레임
백팩입니다. 백팩용 웨이빙 핸들을 달아 간단
하게 제작할 수 있습니다.

16

브리프형 백팩

만드는 방법 - P.52

3way로 사용할 수 있는 브리프 케이스 형태의
백팩입니다. 접착심을 붙이고 바닥판을 넣어
튼튼하고 형태를 안정감있게 유지시킬 수 있
도록 만들었습니다.

페이크 원단과 도트무늬 원단을 매치하여
피크닉 분위기를 연출했습니다.

크로스백 스타일로 더욱 발랄하게 연출.
데일리한 백팩으로 연출.
어깨에 걸쳐 여성스럽게.

17

17
장바구니형 백팩
만드는 방법 - **P.65**

장을 본 후 장바구니에서 물건을 따로 옮겨 담을 필요 없이 그대로
어깨에 멜 수 있는 장바구니형 백팩입니다. 시간을 단축할 수 있을
뿐만 아니라, 세련된 디자인 또한 매력적인 아이템입니다.

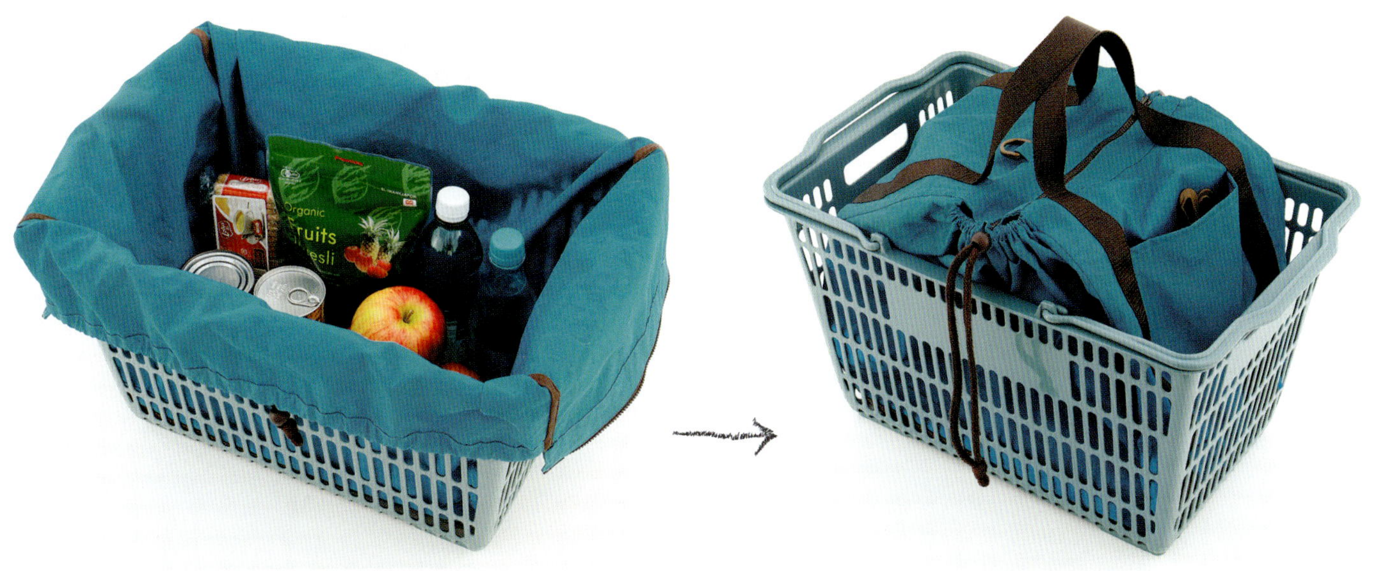

장바구니 안에 백팩을 펼친 후 물건을 담아줍니다.

양옆의 끈을 조이고 입구의 지퍼를 잠궈줍니다.
어깨끈은 탈부착이 가능합니다.

18 제작 / 小林かおり

18
어린이용 사각 백팩
만드는 방법 - P.39

P.6~7의 **5 · 6** 백팩을 어린이 사이즈에 맞춰 작게
만들었습니다. 8수 캔버스 원단에 큰 이니셜 와펜을
달아 귀여운 느낌으로 포인트를 주었습니다.

안감 원단은 겉감과 같은 컬러의 깅엄체크
원단을 매치했습니다.

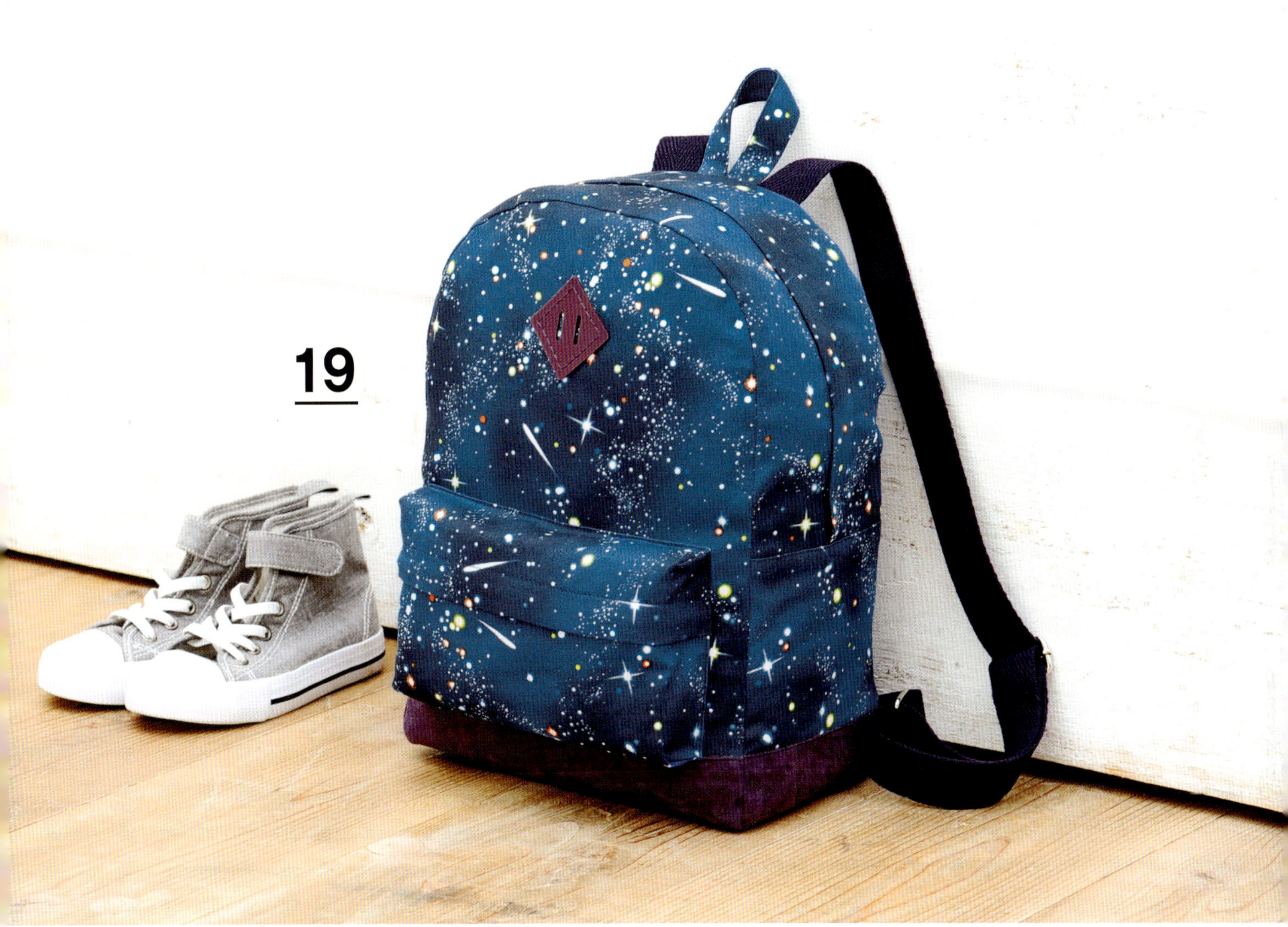

19

19

어린이용 데일리 백팩

만드는 방법 - **P.68**

우주 프린트가 멋스러운 백팩입니다. P.2의 **1 · 2**백팩을
어린이 사이즈로 만들어 아이와 함께 커플로 스타일링
하기 좋은 아이템입니다.

P.13의 **11** 백팩에 활용한 예시

20

백인백

만드는 방법 - **P.70**

내용물을 깔끔하게 정리할 수 있는 실용적인 아이템
입니다. 바닥판을 넣었기 때문에 형태를 더욱 튼튼하
게 유지할 수 있습니다. 원하는 원단을 골라 만들면
수납이 즐거워집니다.

21 · 22
핸드폰 파우치
만드는 방법 - P.72

21 · 22 제작 / 小澤のぶ子

백팩에 달아서 핸드폰을 수납할 수 있는 편리한
파우치입니다. 어깨끈의 원하는 위치에 고정하여
사용해 보세요.

뒤쪽의 고리를 백팩의 어깨끈에
고정시켜 사용합니다.

23 · 24 · 25
체스트 벨트
만드는 방법 - P.69

23 · 24 · 25 제작 / 小澤のぶ子

백팩의 어깨끈이 흘러내리는 것을 방지해줄 뿐만 아니라, 화려한 컬러로 만들면
스타일링에 포인트가 되는 체스트 벨트입니다. 손쉽게 달 수 있기 때문에 다양
한 컬러로 만들어 그날의 코디에 맞춰 착용해 보세요.

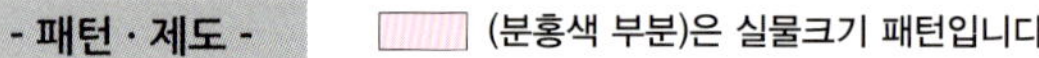

실물크기 패턴 A 면

- 재료 -

· 겉감(1. 8수 캔버스 오스카 / 2. 코튼리넨 스트라이프) ···· 110cm폭×80cm
· 안감(코튼) ···· 1. 110cm폭×80cm / 2. 106cm폭×80cm
· 배색천(스웨이드) ···· 50cm폭×30cm
· 접착심(소잉심지) ···· 90cm폭×90cm
· 3.8cm폭 웨이빙 끈 ···· 230cm
· 59.4cm길이 지퍼A ···· 1개
· 28cm길이 지퍼B ···· 1개
· 4cm폭 □링 ···· 2개
· 4cm폭 길이조절 고리 ···· 2개
· 가죽라벨 ···· 1개

- 패턴에 대해서 -

◆실물크기 패턴 A면 1·2를 사용합니다.

· 사용패턴 – 겉·안앞몸판, 겉·안뒷몸판, 위·아래 주머니, 안주머니, 겉앞지퍼 날개감, 겉뒤지퍼 날개감, 안앞·뒤지퍼 날개감, 겉·안옆판감, 배색감A·B
· 손잡이감, 어깨끈감, □링 고리감 패턴은 들어있지 않습니다. 기재된 치수로 직접 제도하여 사용합니다.
· 어깨끈감, □링 고리감은 시접이 포함되어 있지 않은 치수입니다. □안의 시접을 참고하여 더해주세요.

- 패턴·제도 -

(분홍색 부분)은 실물크기 패턴입니다.

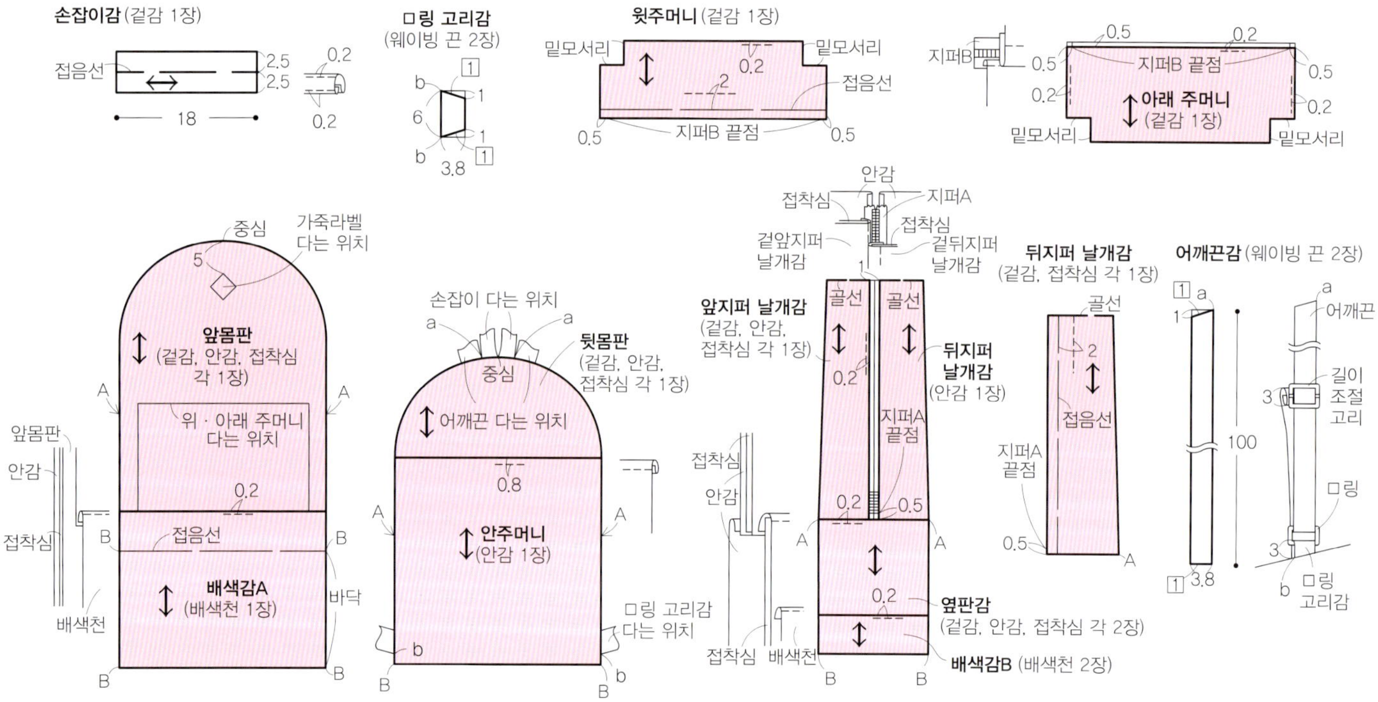

손잡이감 (겉감 1장)
접음선 / 2.5 / 2.5 / 0.2 / 0.2 / 18

□링 고리감 (웨이빙 끈 2장)
b / 6 / 1 / 1 / 1 / 1 / b / 3.8

윗주머니 (겉감 1장)
밑모서리 / 밑모서리 / 0.2 / 2 / 접음선 / 0.5 / 지퍼B 끝점 / 0.5

아래 주머니 (겉감 1장)
지퍼B / 0.5 / 0.5 / 0.2 / 0.5 / 0.2 / 지퍼B 끝점 / 0.5 / 밑모서리 / 밑모서리

앞몸판 (겉감, 안감, 접착심 각 1장)
5 / 중심 / 가죽라벨 다는 위치
위·아래 주머니 다는 위치 / 0.2 / A / A
앞몸판 / 안감 / 접착심 / B / 접음선 / B / 바닥
배색감A (배색천 1장) / 배색천

뒷몸판 (겉감, 안감, 접착심 각 1장)
손잡이 다는 위치 / a / a / 중심
어깨끈 다는 위치 / 0.8 / A / A
안주머니 (안감 1장)
□링 고리감 다는 위치 / b / B / B

앞지퍼 날개감 (겉감, 안감, 접착심 각 1장)
안감 / 접착심 / 지퍼A / 접착심
겉앞지퍼 날개감 / 겉뒤지퍼 날개감
골선 / 골선 / 0.2 / 지퍼A 끝점 / 0.2 / 0.5
접착심 / 안감 / A / A / 0.2 / **옆판감** (겉감, 안감, 접착심 각 2장) / 접착심 / 배색천 / 0.2 / **배색감B** (배색천 2장) / B / B

뒤지퍼 날개감 (겉감, 접착심 각 1장)
뒤지퍼 날개감 (안감 1장)
골선 / 1 / 2 / 접음선 / 지퍼A 끝점 / 0.5 / A

어깨끈감 (웨이빙 끈 2장)
1 / a / a / 어깨끈 / 1 / 길이 조절 고리 / 3 / 100 / □링 / 1 / 3.8 / b / 3 / □링 고리감

- 겉감 재단배치도 -

= 접착심(소잉심지)을 붙인다.

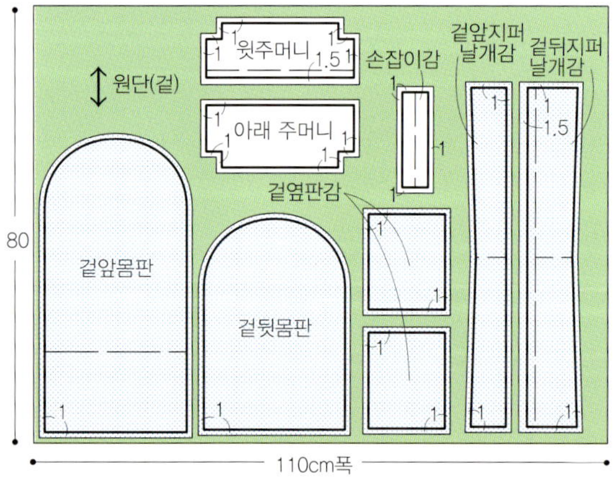

원단(겉) / 윗주머니 / 1 / 1.5 / 손잡이감 / 1 / 겉앞지퍼 날개감 / 1 / 1.5 / 겉뒤지퍼 날개감 / 1 / 1.5
아래 주머니 / 1 / 겉옆판감 / 1
겉앞몸판 / 1 / 겉뒷몸판 / 1 / 1 / 1 / 1
80 / 110cm폭

- 안감 재단배치도 -

※겉앞지퍼 날개감, 안앞·뒤지퍼 날개감과 겉뒤지퍼 날개감 시접이 다르므로 주의하여 재단합니다.

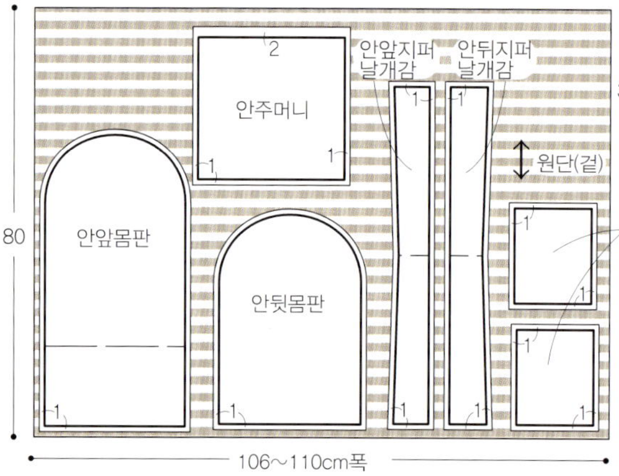

2 / 안주머니 / 1 / 안앞지퍼 날개감 / 안뒤지퍼 날개감 / 원단(겉)
안앞몸판 / 안뒷몸판 / 안옆판감 / 1 / 1 / 1 / 1 / 1 / 1
80 / 106~110cm폭

- 배색천 재단배치도 -

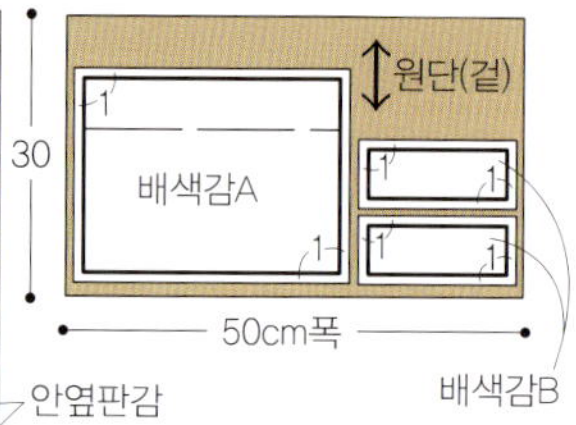

원단(겉) / 1 / 배색감A / 1 / 1 / 30 / 50cm폭 / 배색감B

1 기초 부자재

2 필요한 재료를 준비한다

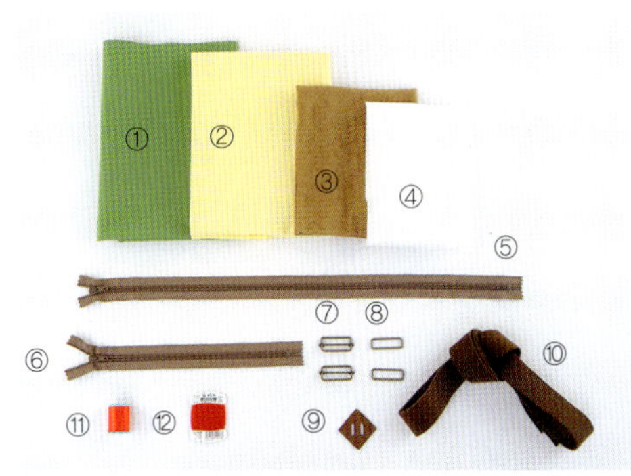

①겉감
②안감
③배색천
④접착심
⑤지퍼A
⑥지퍼B
⑦길이조절 고리
⑧口링
⑨가죽라벨
⑩웨이빙 끈
⑪프라임 소잉실
⑫손바늘

※이해하기 쉽도록 일부 재료의 색을 바꿔서 설명했습니다.

3 패턴을 베낀다

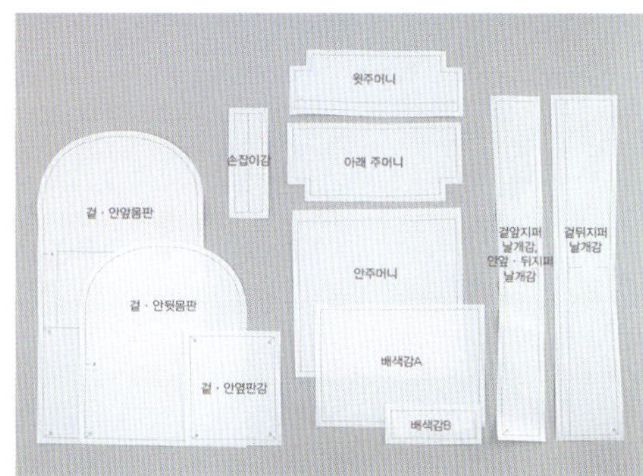

패턴지에 패턴을 베낍니다. 특히, 올 방향선(화살표), 주머니 다는 위치, 어깨끈 다는 위치 등 필요한 표시도 잊지 말고 베껴줍니다. 제작설명서 페이지의 재단배치도에 기재되어 있는 시접을 더하여 패턴을 재단합니다.

(실물크기 패턴 사용방법 _P.33 참고)

4 원단을 재단한다

겉감. 안감. 배색천의 재단배치도를 참고하여 패턴을 배치한 후, 재단가위를 사용하여 재단선을 따라 원단을 잘라줍니다.

5 패턴에 표시를 준다

초크 페이퍼와 룰렛을 이용하여 완성선. 맞춤점 등 필요한 곳을 빠짐없이 표시합니다.

(P.33 참고)

6 재단과 표시주기가 끝난 모습

※봉합을 시작하기 전에 지정 위치에 맞춰 접착심을 붙입니다.

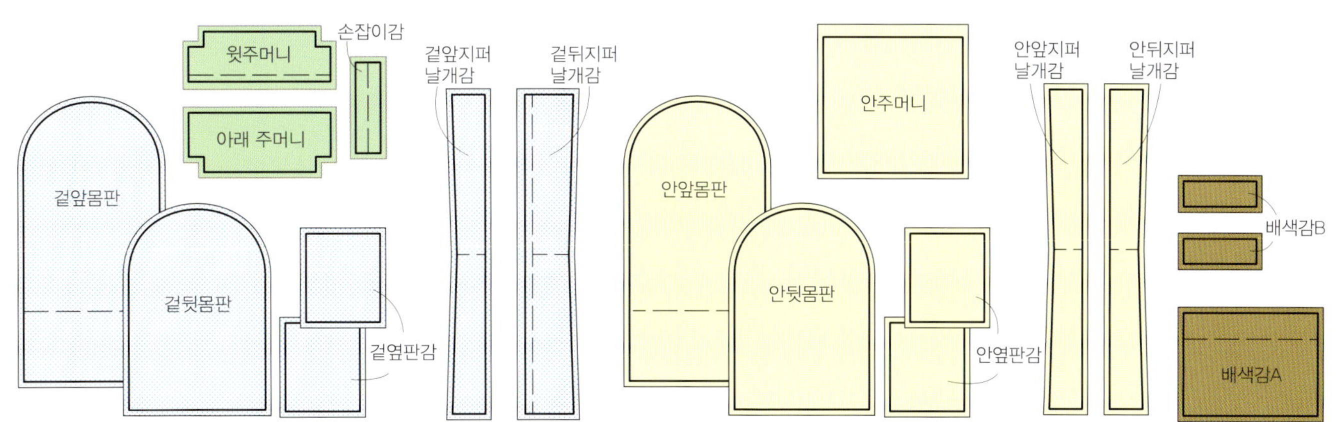

1. 몸판에 가죽라벨을 단다

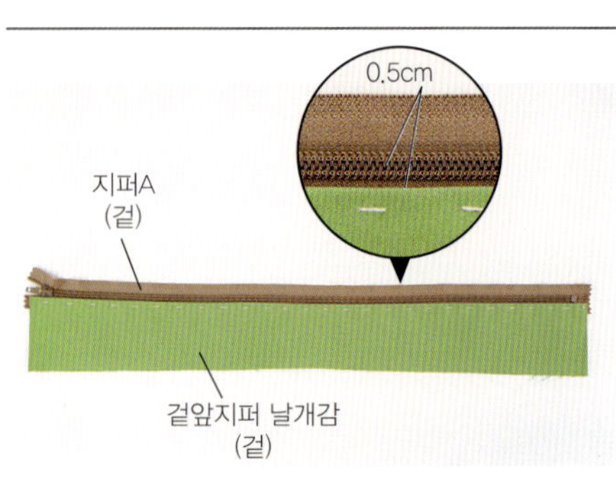

①겉앞몸판에 손바느질로 가죽라벨을 되돌아박기하여
봉합해 단다

②봉합해 단 모습

2. 겉지퍼 날개감에 지퍼A를 단다

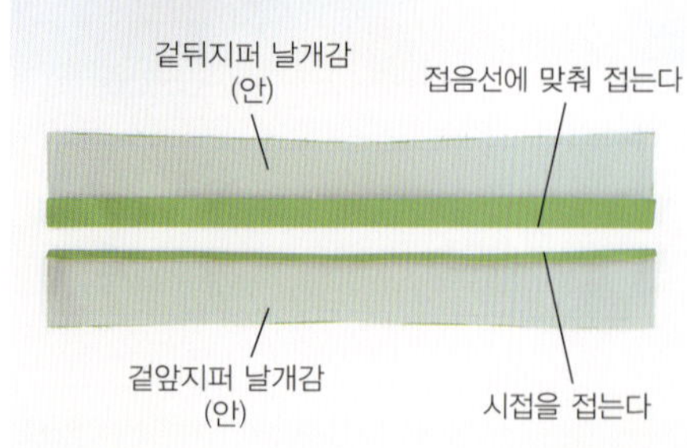

①겉앞지퍼 날개감과 겉뒤지퍼 날개감의 입구쪽을 각각
접는다

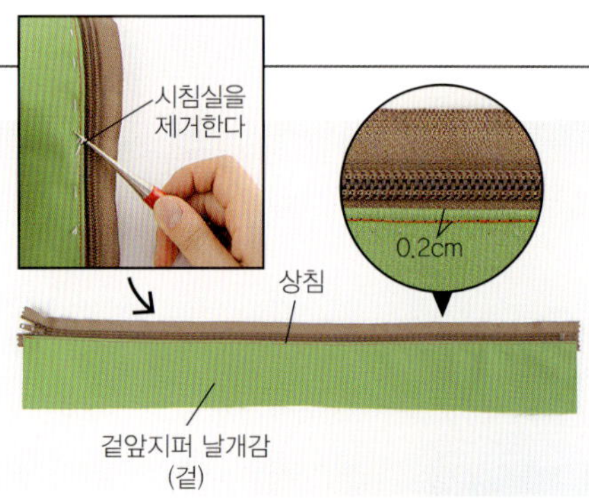

②겉앞지퍼 날개감에 지퍼A를 겹치고, 시침실로 임시고정
한다

③상침한 후, 송곳을 이용하여 시침실을 제거한다

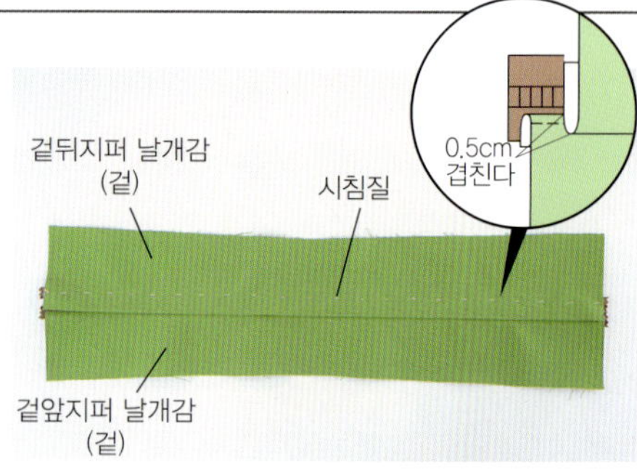

④지퍼A에 겉뒤지퍼 날개감을 겹치고, 시침실로 임시고정
한다

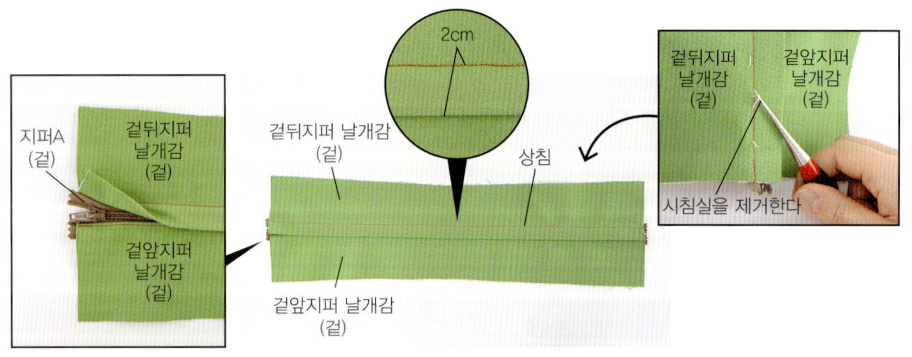

⑤상침한 후, 송곳을 이용하여 시침실을 제거한다

3. 겉옆판감에 배색감B를 단다

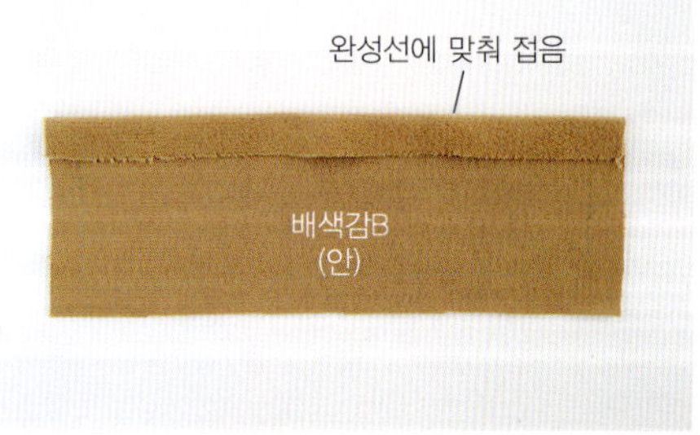

①위쪽의 시접을 접는다

4. 겉지퍼 날개감과 겉옆판감을 맞춰 봉합한다

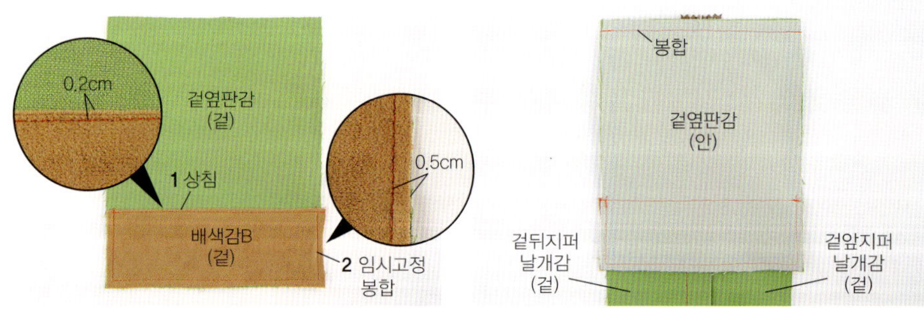

②배색감B를 겉옆판감에 겹쳐 상침하고, 나머지 둘레는
임시고정 봉합한다

①겉지퍼 날개감과 겉옆판감을 겉끼리 맞대어 봉합한다

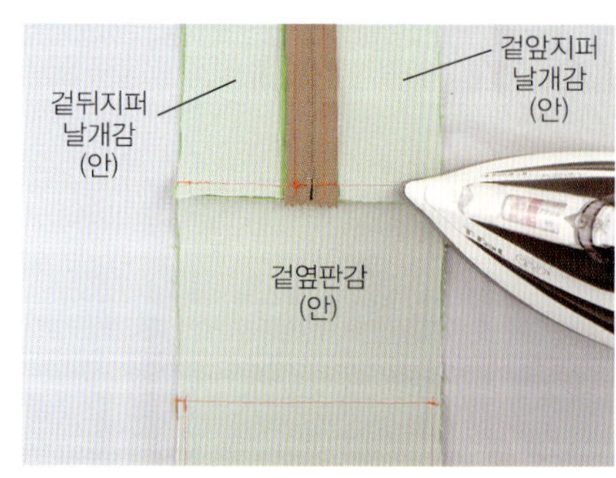

②시접을 겉옆판감 쪽으로 넘긴다

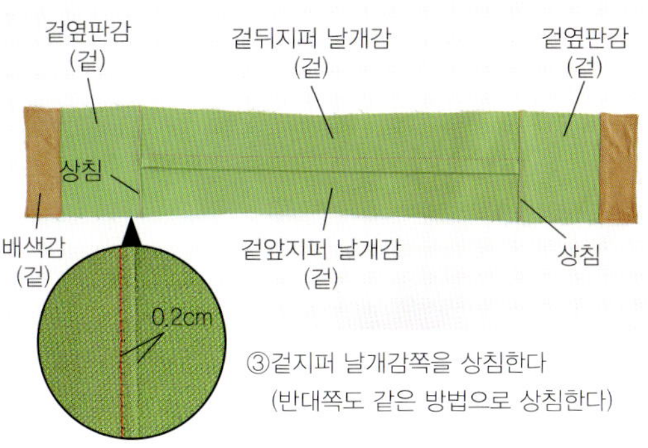

③겉지퍼 날개감쪽을 상침한다
(반대쪽도 같은 방법으로 상침한다)

④지퍼를 조금 열어둔다

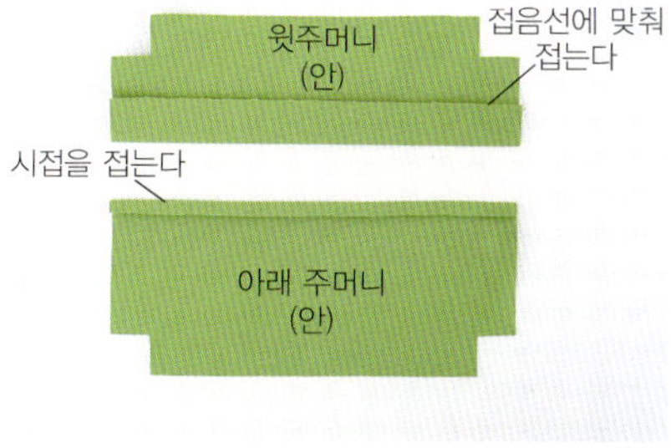

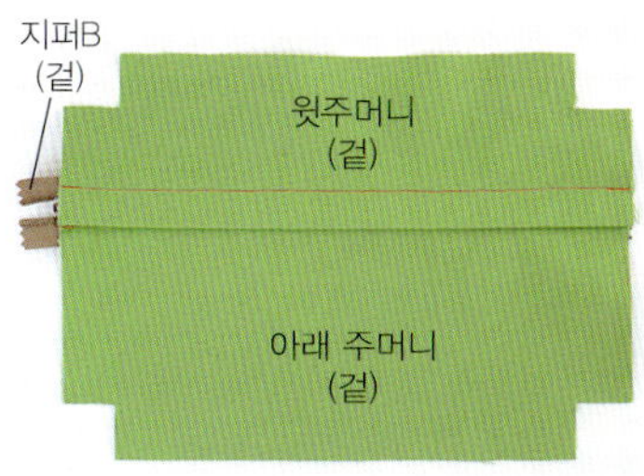

①주머니 입구쪽을 각각 접는다

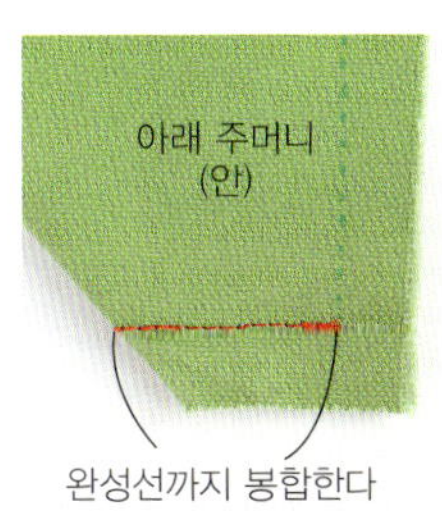

② 겉지퍼 날개감과 같은 방법으로 지퍼B를 단다
(P.28-**2** 참고)

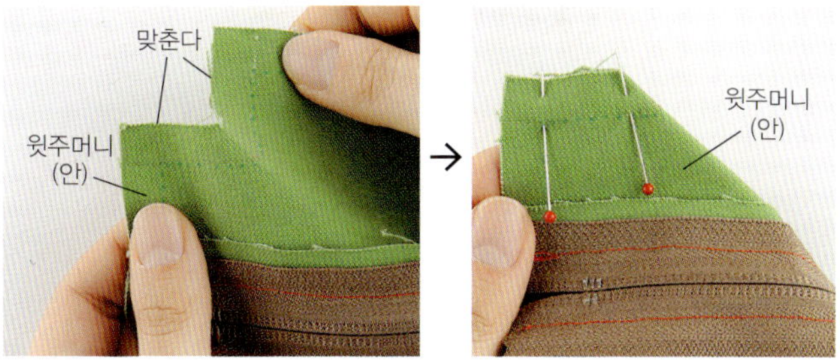

③밑모서리를 겉끼리 맞대어 시침핀으로 고정한다

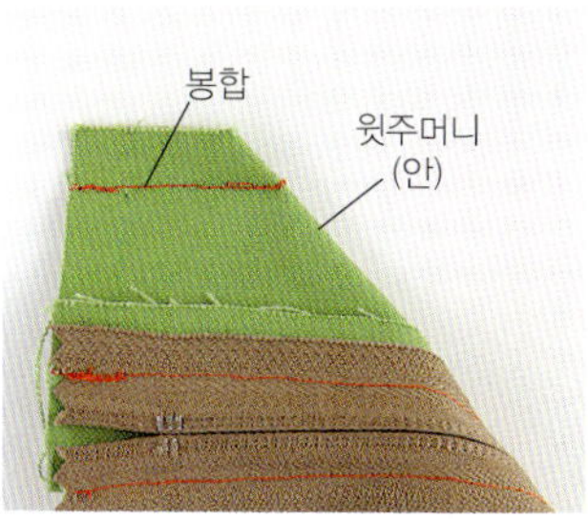

④윗주머니의 밑모서리를 시접까지 봉합한다

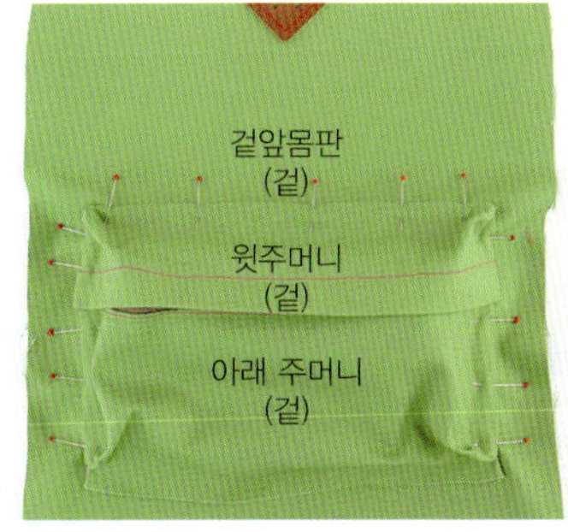

⑤아래 주머니의 밑모서리를 완성선까지
봉합한다

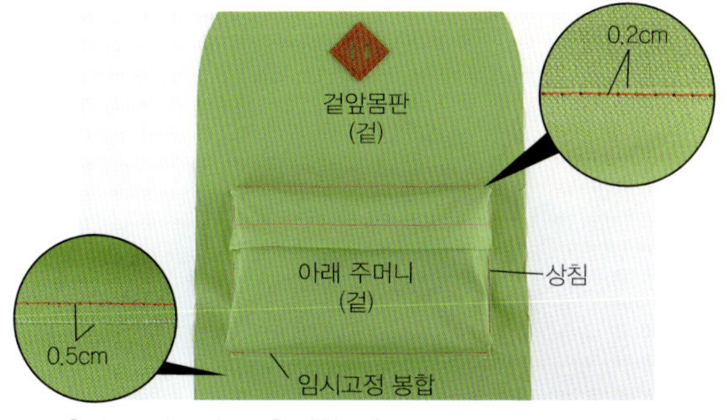

⑥밑모서리의 시접을 모두 가름솔한다

⑦시접보다 튀어나온 지퍼는 잘라서 정리하고, 위쪽과 양옆선 시접을 접어 다린다

---

6. 몸판에 주머니를 단다

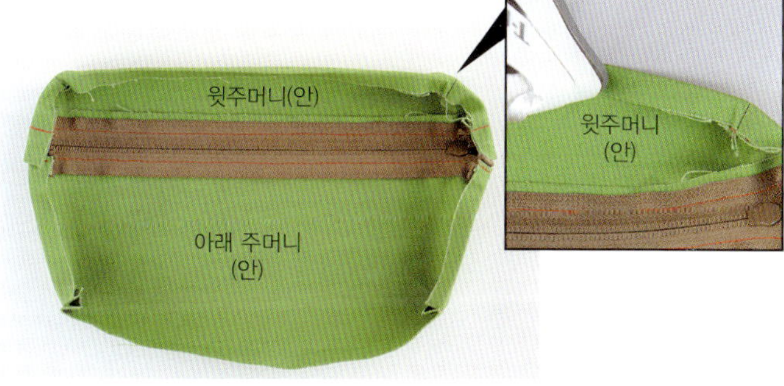

①겉앞몸판의 주머니 다는 위치에 주머니를
얹고, 시침핀으로 고정한다

②윗주머니와 양옆선을 상침한다. 아래쪽의 시접은 임시고정
봉합한다

7. 겉앞몸판에 배색감A를 단다

①위쪽의 시접을 접는다

②배색감A를 겉앞몸판, 아래 주머니의 시접에 겹쳐 위쪽은 상침하고 나머지 둘레는 임시고정 봉합한다

8. 손잡이를 만든다

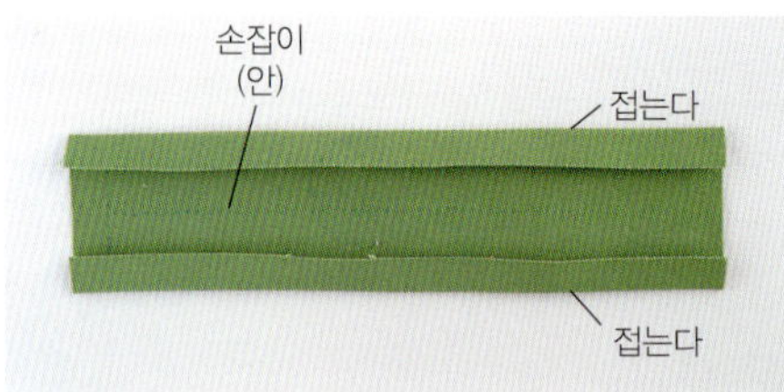

①손잡이의 위·아래 시접을 접는다

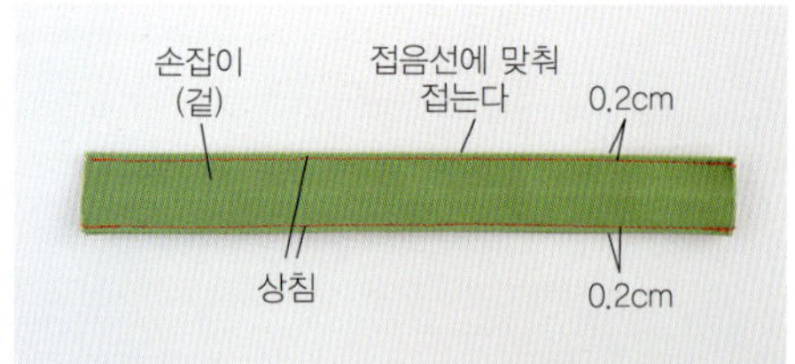

②접음선에 맞춰 접은 후, 양옆선을 상침한다

9. 어깨끈을 만든다

①ㅁ링 고리감에 ㅁ링을 통과시키고 봉합한다

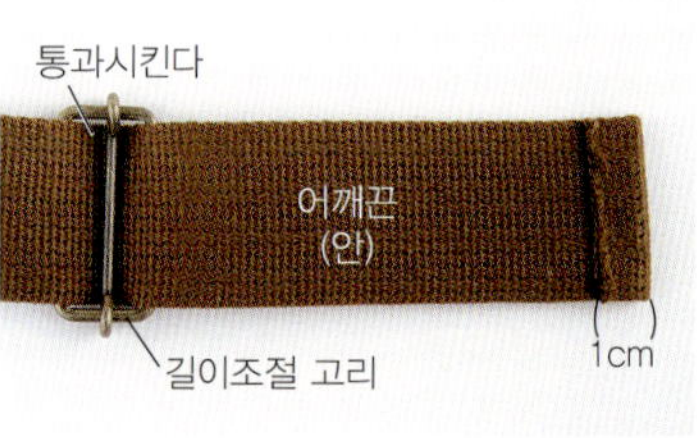

②길이조절 고리에 어깨끈을 통과시키고 직선쪽의 끝을 접는다

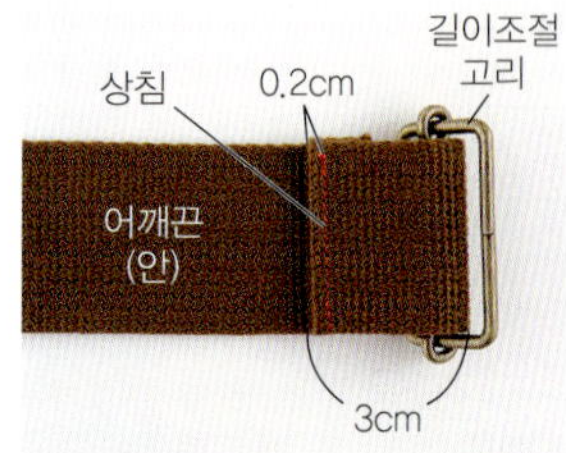

③길이조절 고리를 어깨끈의 끝쪽으로 이동시킨 후, 어깨끈의 끝을 3cm로 한 번 더 접어 상침한다

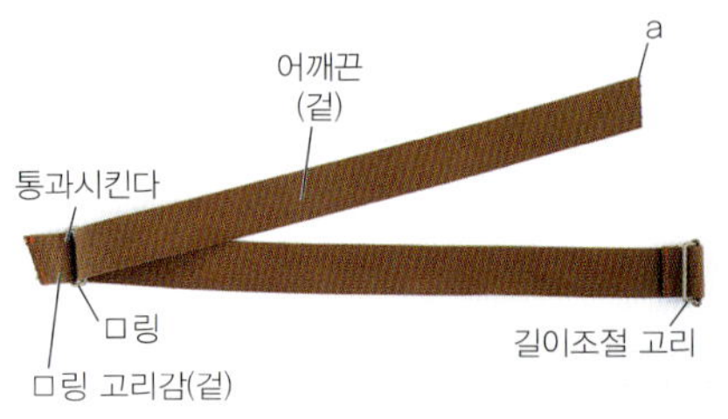

④어깨끈 a의 끝을 ㅁ링 고리감에 달려있는 ㅁ링에 통과시킨다

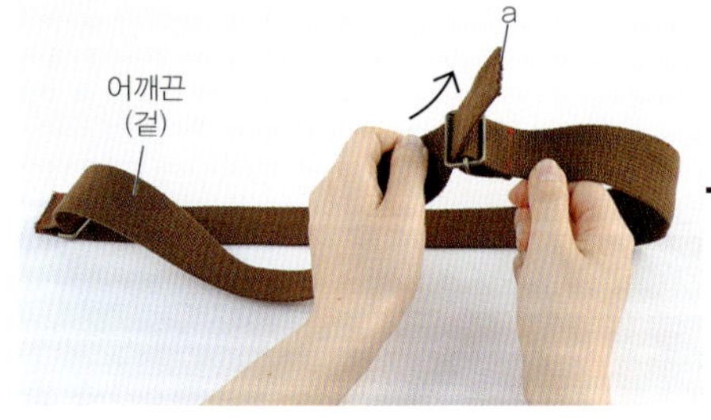

⑤어깨끈 a의 끝을 길이조절 고리에 통과시킨다

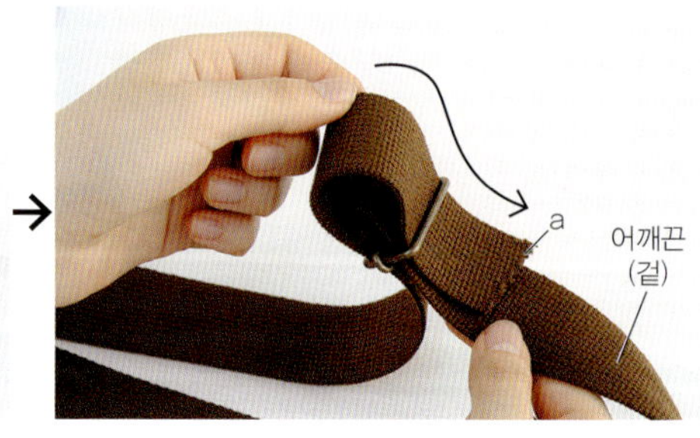

10. 몸판에 어깨끈과 ㅁ링 고리감을 단다

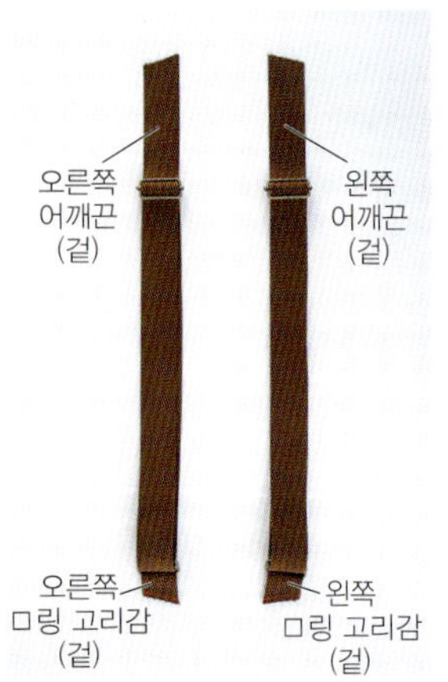

⑥대칭으로 2개 만든다

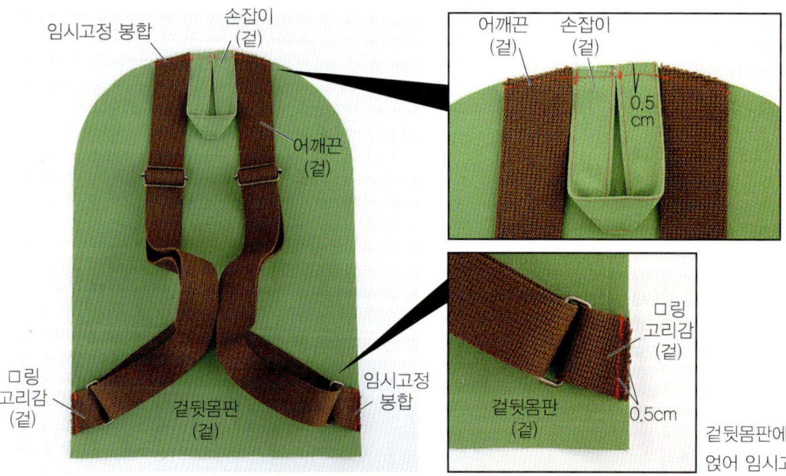

겉뒷몸판에 어깨끈과 손잡이를 얹어 임시고정 봉합한다

①겉앞·뒤몸판을 겉끼리 맞대어 밑단을 봉합한다

②시접을 가름솔한다

①겉앞몸판과 겉옆판감을 겉끼리 맞대어 맞춤점B에서
B까지 시침핀으로 고정한다

②겉옆판감을 젖히고, 겉몸판만 맞춤점B 쪽으로 겉몸판
시접에 가윗집을 준 후, 시침핀으로 겉옆판감을 고정한다

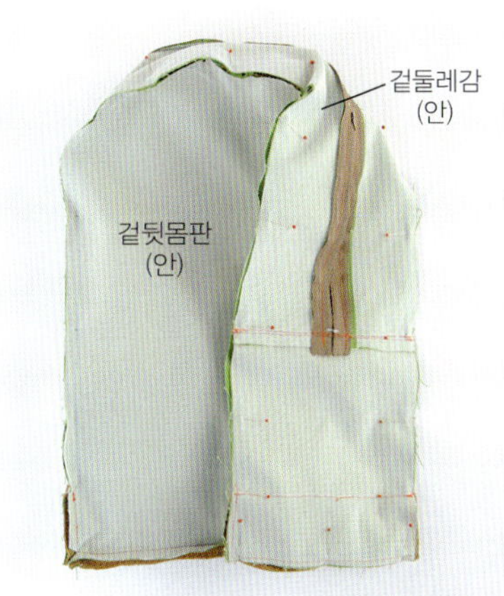

③겉몸판과 겉둘레감의 맞춤점을 맞춰 시침핀으로 고정하고,
맞춤점 사이도 촘촘하게 고정한다
(겉둘레감 = 겉지퍼 날개감 + 겉옆판감)

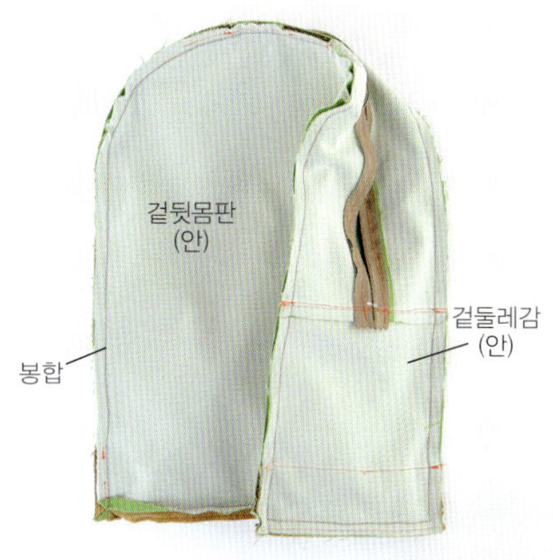

④겉몸판과 겉둘레감을 봉합한다

⑤시접을 가름솔한다

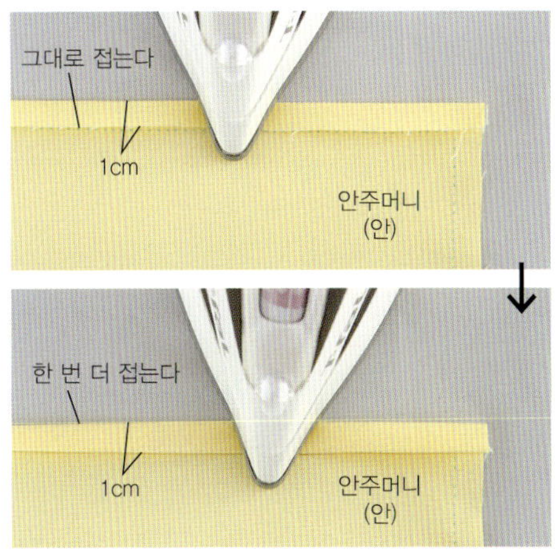

①안주머니 입구를 두 번 접는다

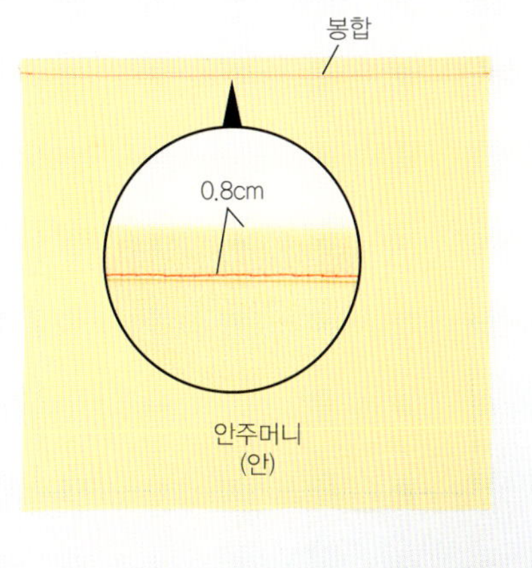

②입구를 상침한다

14. 안몸판을 만든다

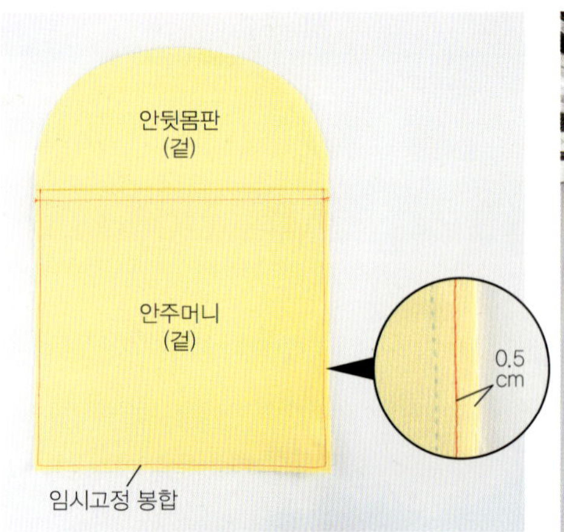

③안뒷몸판에 안주머니를 얹고, 양옆선과 밑단을 임시고정 봉합한다

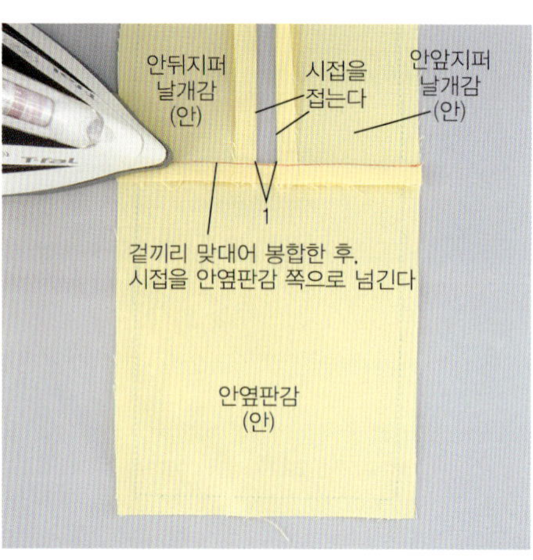

①안지퍼 날개감의 입구쪽 시접을 접고, 안옆판감과 겉끼리 맞대어 봉합한다

②겉몸판과 마찬가지로 안몸판과 안옆판감을 겉끼리 맞대어 봉합한다. (P.31-12 참고)

15. 겉몸판과 안몸판을 봉합한다

③겉으로 뒤집는다

①안몸판 안에 겉몸판을 넣어 안끼리 맞댄다

②안몸판 지퍼둘레를 겉감에 얹어 시침핀으로 고정한다

16. 완성

③안몸판 지퍼둘레를 손바느질로 공그르기한다

①겉으로 뒤집어 완성한다 (완성 사이즈 = 가로 28cm × 세로 40cm × 너비 15cm)

1 실물크기 패턴을 확인한다

◆만들고 싶은 작품의 만드는 방법 페이지에 기재되어 있는 실물크기 패턴의 면과 패턴 개수를 확인합니다.

2 패턴을 베낀다

◆패턴을 다른 종이에 베껴 사용합니다. 베끼는 방법은 아래의 두 가지 방법으로 설명합니다.

비치지 않는 종이에 베끼는 경우

베낄 종이 위에 패턴을 놓습니다.
초크 페이퍼를 사이에 끼우고 룰렛으로
패턴의 선을 따라서 베낍니다.

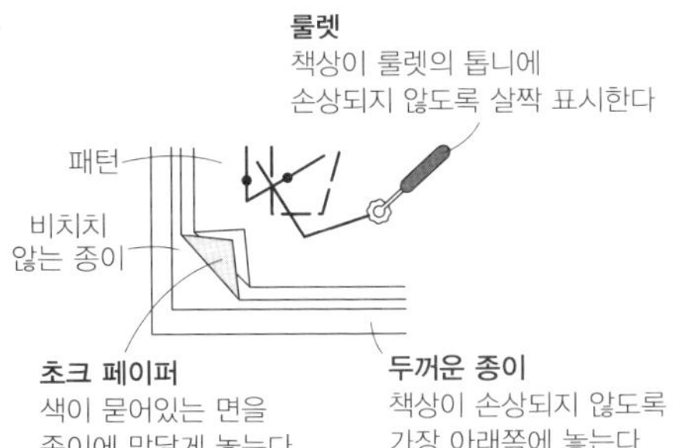

비치는 종이에 베끼는 경우

패턴 위에 비치는 종이(패턴지 등)를 놓고,
철필로 베낍니다.

2개의 패턴이 겹쳐져 1장의 패턴으로 되어있는 경우가 있습니다.
그림처럼 두 번 나누어 베껴서 각각의 패턴을 만듭니다.

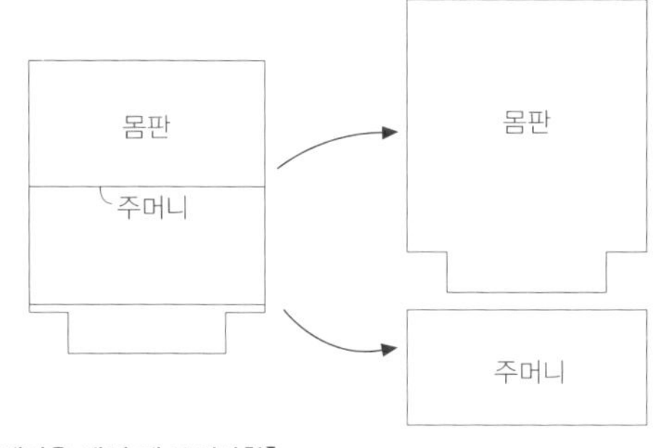

【패턴을 베낄 때 주의사항】

· [맞춤점] [~다는 위치] [트임 끝점] [올 방향] [골선] 등도 잊지 않고
베끼고, 패턴 각 부분의 [명칭]도 빠짐없이 기입합니다.

3 시접을 주고 패턴을 자른다

◆패턴에는 시접이 포함되어 있지 않기 때문에 각각의 만드는 방법 페이지에
있는 [재단배치도]를 확인하여 시접을 더해줍니다.

【시접을 줄 때 주의사항】

· 맞춰 봉합할 곳의 시접은 원칙적으로 같은 폭으로 합니다.
· 완성선에 평행하게 시접을 줍니다.
· 원단 소재의 성질(두께, 신축성)이나 봉제방법에 따라서 시접 폭은
  달라집니다.

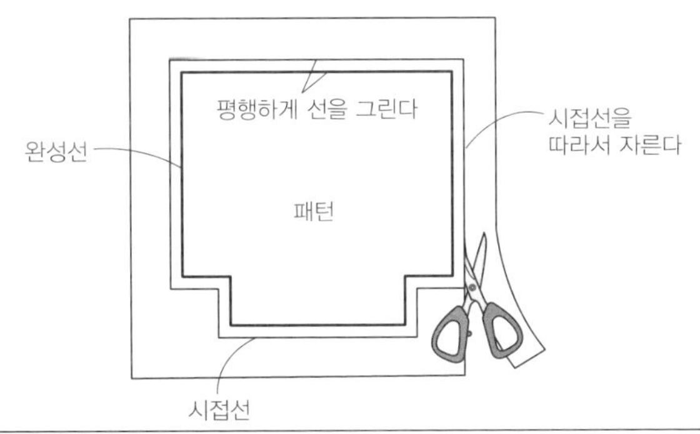

4 패턴을 원단 위에 배치하고, 원단을 재단한다

◆원단 접는 방법, 패턴의 올 방향(식서) 등에 주의하면서 패턴을 배치하고,
원단을 움직이지 않도록 문진이나 시침핀으로 고정한 후 재단합니다.

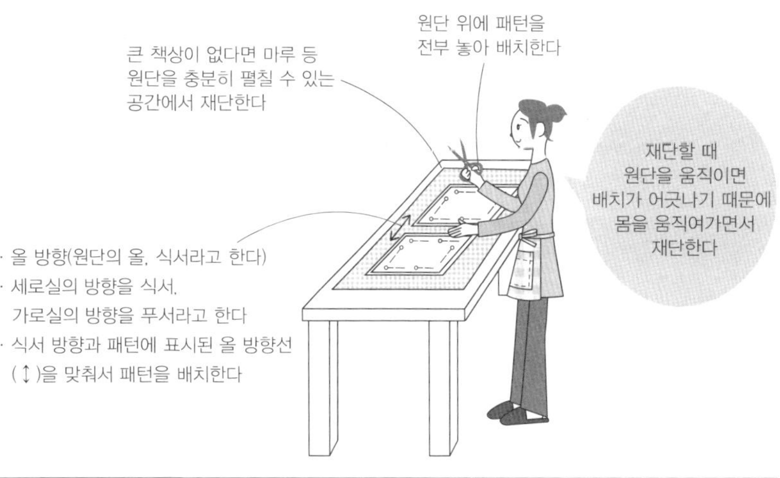

5 원단에 표시를 준다

【2장을 재단한 경우】

◆원단 사이(안쪽면)에 양면 초크 페이퍼를
끼우고, 완성선을 룰렛으로 덧그립니다.
맞춤점과 주머니 다는 위치 등도 잊지
않고 표시합니다.

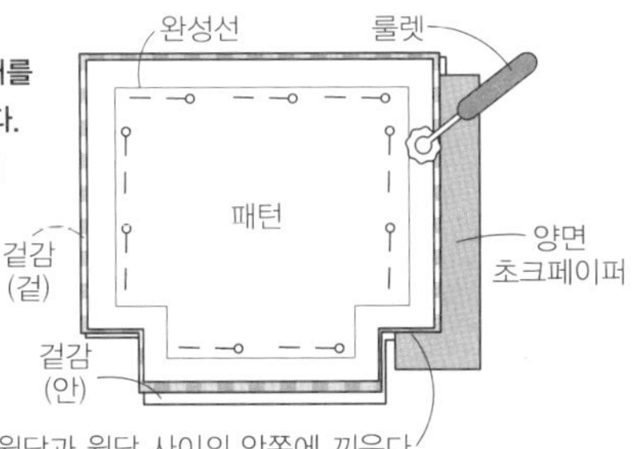

【1장으로 재단한 경우】

◆원단의 안쪽면과 단면 초크 페이퍼의
색이 묻은 면을 대고 완성선을
룰렛으로 덧그립니다.

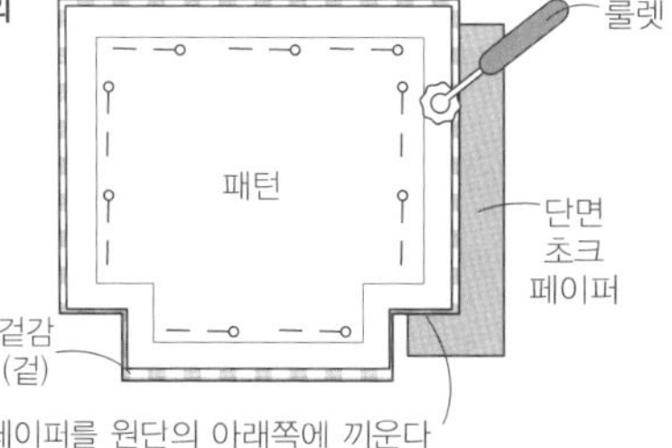

제도 기호

완성선	시접선	골선으로 재단하는 표시	단추 · 자석단추 · 가방발
——————	——————	— — — —	◯
접음선	올 방향	등분선	같은 기호끼리 맞춰서 봉합하는 표시
— · — · — · —	⟷ (화살표 방향으로 원단의 식서를 알려준다)	⌣⌣ (동일한 치수)	a b ★ 등

제도 · 재단하는 방법

이 책의 [패턴 · 제도]에는 시접이 포함되어 있지 않습니다. 시접의 치수는 [원단 재단배치도]에 기재되어 있기 때문에 확인하고 시접을 더해 원단을 재단해주세요.

◆ 만드는 방법 페이지에 나오는 숫자의 단위는 cm(센티미터)입니다.

◆ 본 서적의 요척량은 실제 원단 폭에 관계없이 최소한의 사용량을 표시하고 있습니다.

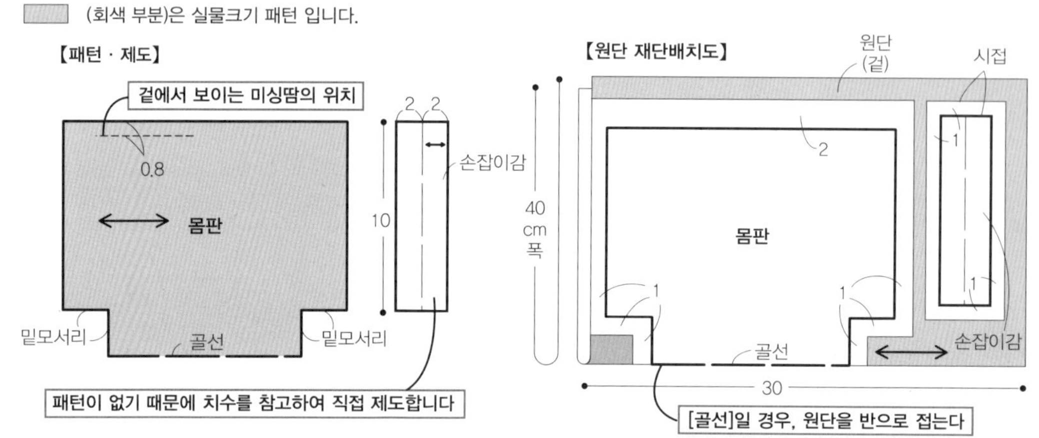

지퍼 고르는 방법

· 지퍼는 만들고 싶은 작품에 맞춰서 종류와 길이를 고릅니다.
· 딱 맞은 길이가 없는 경우에는 긴 지퍼를 고릅니다.
· 홈 패션용 지퍼는 미싱으로 고정 봉합하여 길이 조절이 가능합니다.
· 비슬론 지퍼와 금속 지퍼는 구입처에서 길이 조절을 요청한 후 사용합니다.

홈 패션용 지퍼의 경우

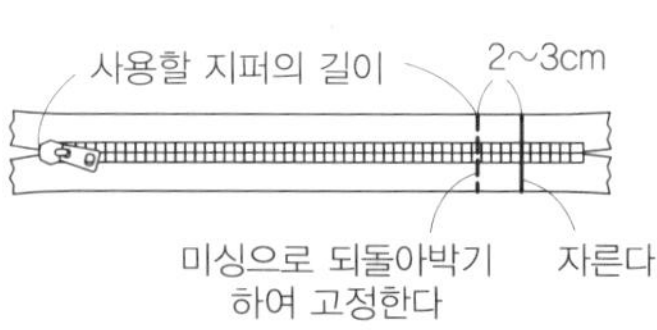

비슬론 · 금속 지퍼의 경우

☐링과 길이조절 고리에 대해서

본 서적에서는 ☐링과 길이조절 고리 등의 폭을 [내경]으로 나타내고 있습니다.

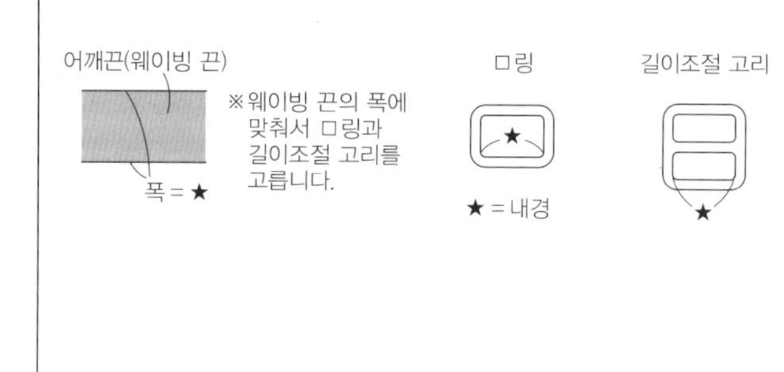

접착심 · 접착 퀼팅솜을 붙이는 방법

【접착심 붙이는 방법】

접착심의 접착면(풀이 묻어 있는 쪽)과 원단의 안쪽면을 맞댑니다.

다리미로 눌러 부착합니다. 다리미의 온도는 140℃ 정도가 적당하며, 반드시 덧대는 종이를 접착심 위에 올려 놓습니다.

다리미는 문지르지 말고. 절반씩 겹쳐 빈틈이 생기지 않도록 꾹꾹 눌러다려 접착심을 붙인다.

【접착 퀼팅솜 붙이는 방법】

기본적으로는 접착심과 같지만 접착면(풀이 묻어있는 쪽)을 위로 향하게 놓고. 그 위에 붙이고 싶은 원단의 안쪽면을 맞댑니다. 이때. 다림질 작업 시 너무 세게 눌러서 퀼팅솜을 망가뜨리지 않도록 주의합니다.

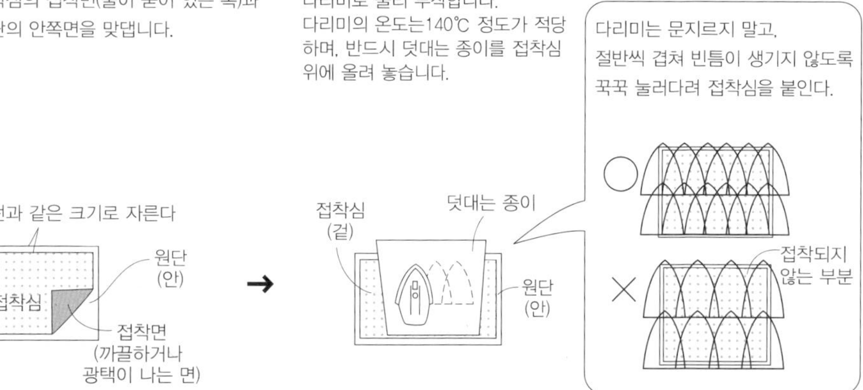

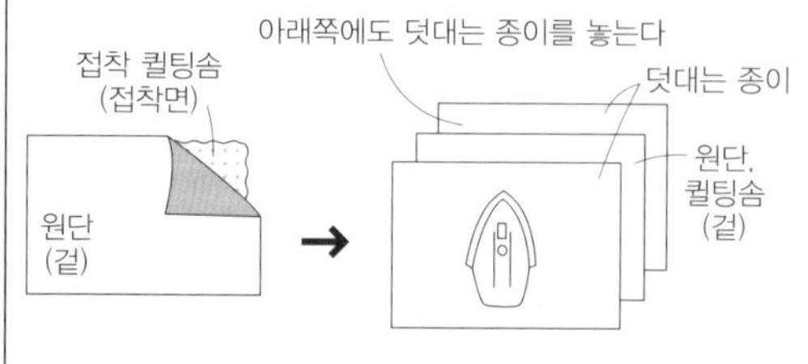

【봉합의 시작과 끝】

봉합의 시작과 끝은 되돌아박기합니다.
되돌아박기는 같은 봉합 땀 위를 2~3회
겹쳐 봉합합니다.

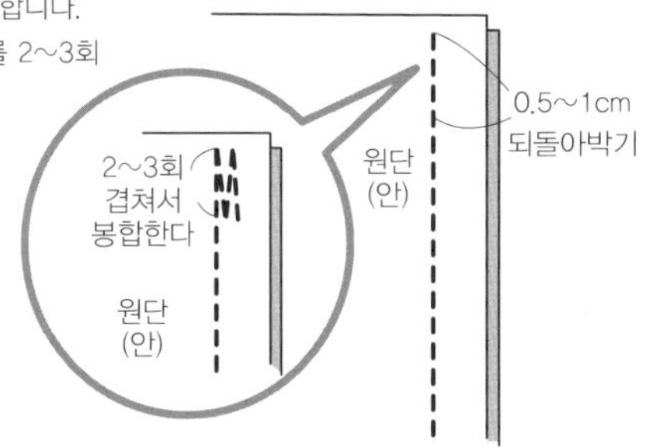

【모서리 봉합하는 방법】

모서리의 한 땀을 건너뛰고 봉합하면 겉으로 뒤집었을 때
모서리가 깔끔하게 완성됩니다.

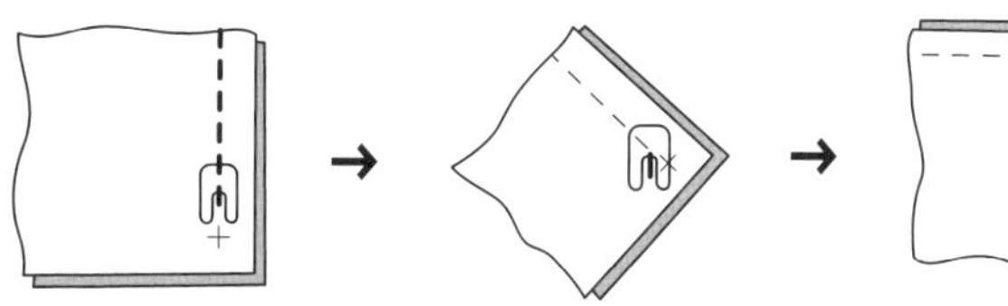

두 번 접어 봉합

원단 끝 처리에 자주 사용하는 방법입니다.

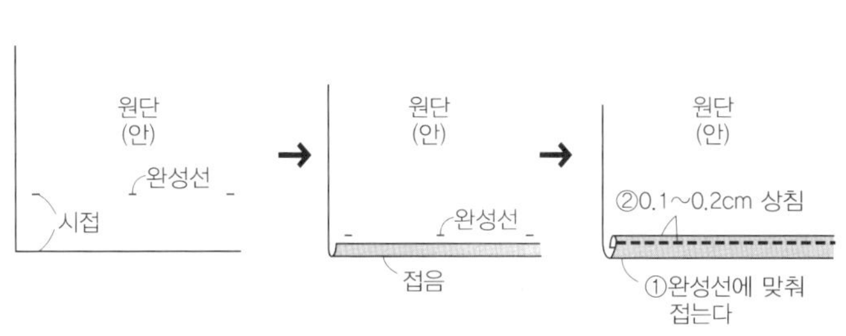

시접 처리하는 방법

2장의 원단을 봉합한 후, 시접을 펼쳐 가름솔하는 방법과
한쪽으로 넘기는 방법이 있습니다.

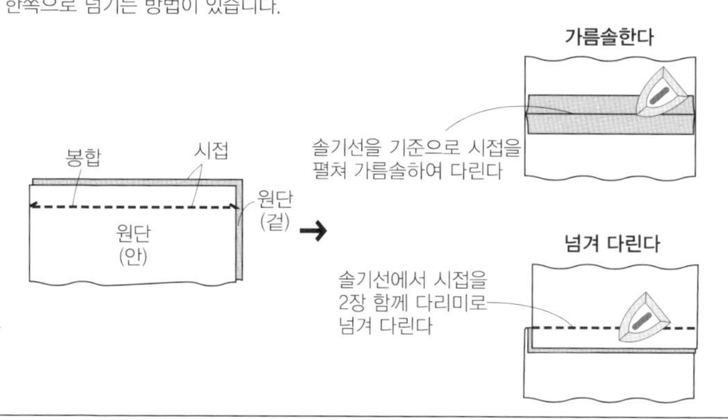

두꺼운 부분 봉합하는 방법

봉합 시, 손가락이
다치지 않도록 항상
주의한다.

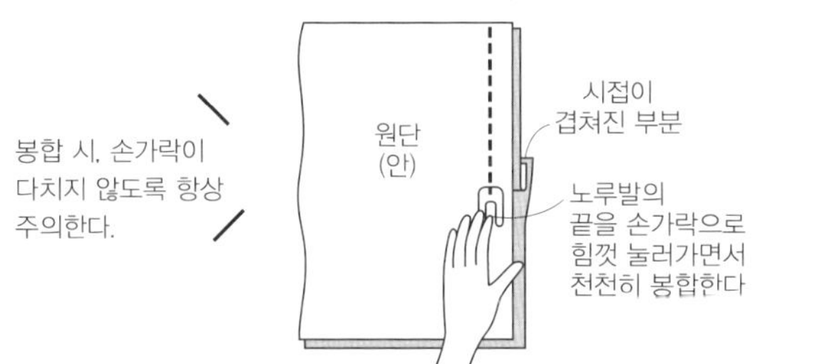

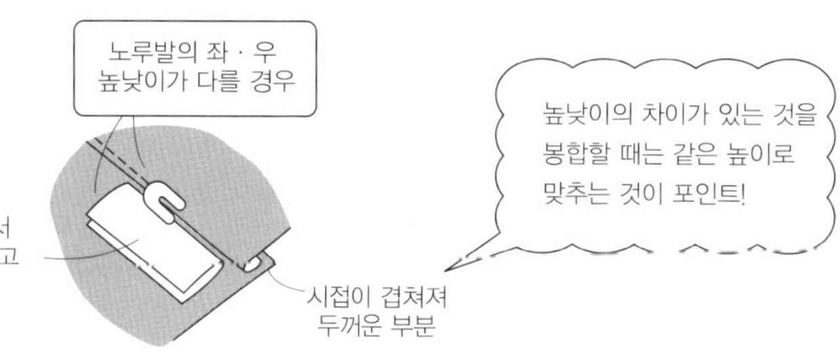

기초 손바느질

홈질 (봉합)

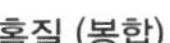
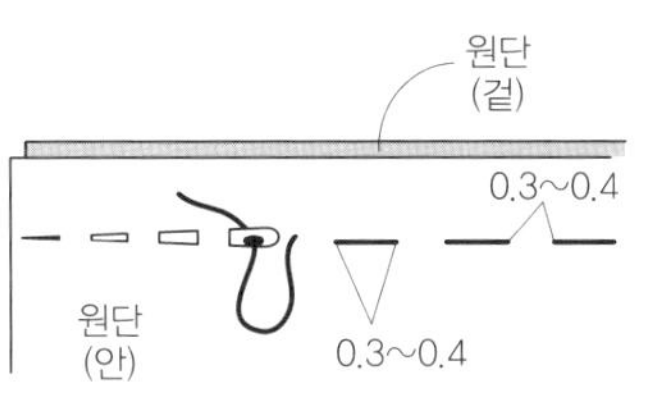

촘촘하게 홈질 (촘촘하게 봉합)

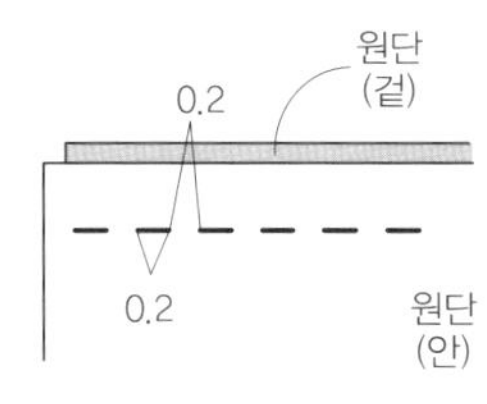

시침질 (큰 땀으로 봉합)

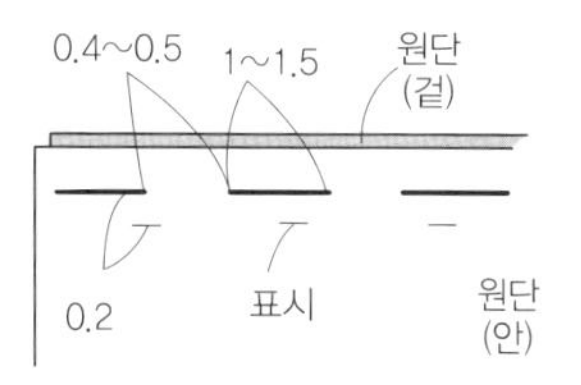

박음질

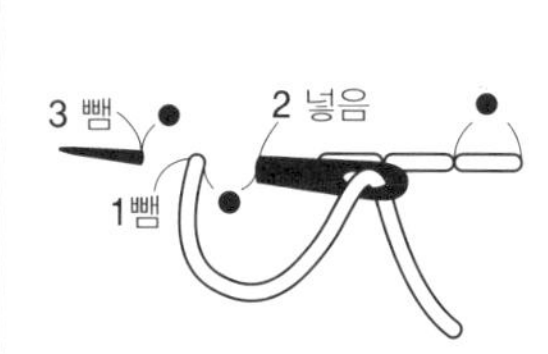

공그르기

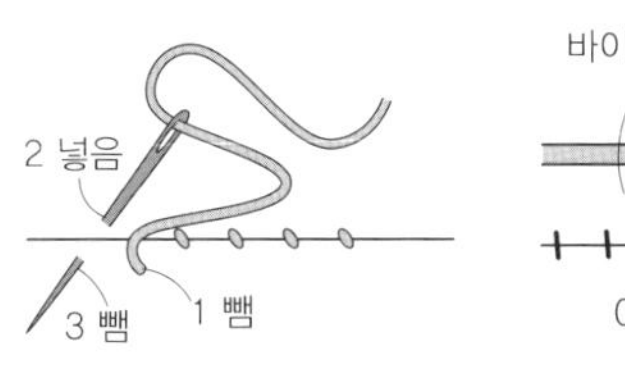

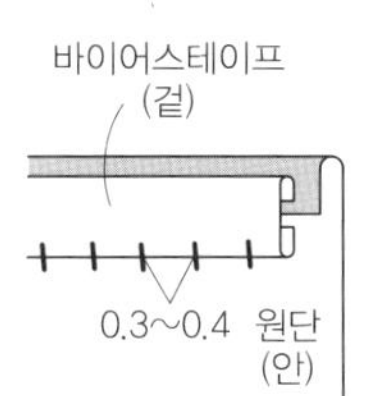

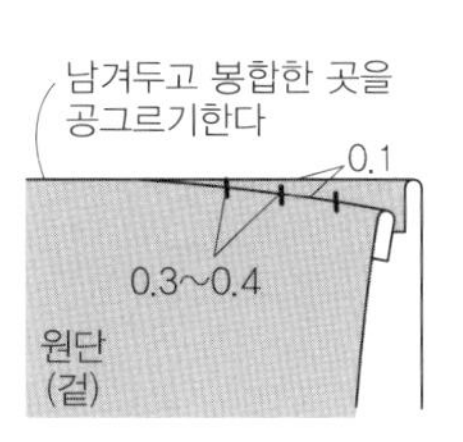

원단 겉으로 실이 나오지 않도록 공그르기한다

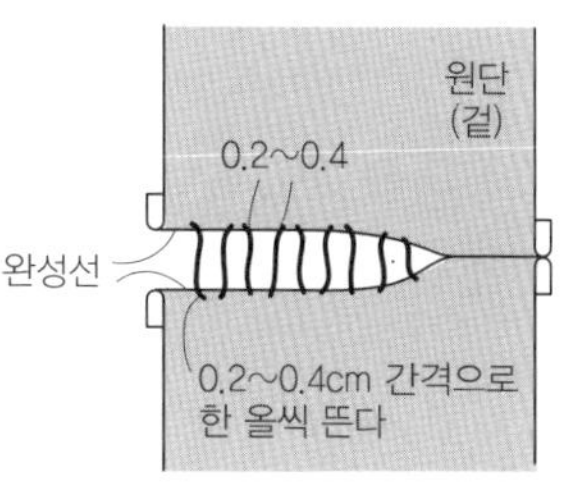

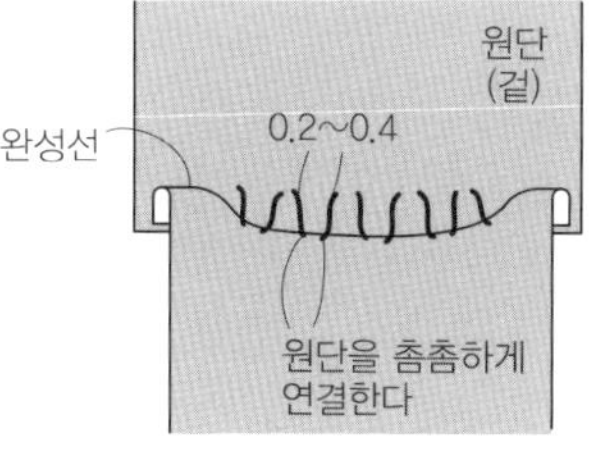

실물크기 패턴 A면   실물크기 패턴 A면

- 재료 -

- · 5 겉감(나일론 클레씨) · · · · 90cm폭×60cm
- · 6 겉감(코튼리넨) · · · · 108cm폭×70cm
- · 안감(코튼) · · · · 110cm폭×60cm
- · 6 접착심(소잉심지) · · · · 90cm폭×60cm
- · 37cm길이 지퍼 · · · · 1개
- · 4cm폭 ㅁ링 · · · · 2개
- · 4cm폭 길이조절 고리 · · · · 2개
- · 3.8cm폭 웨이빙 끈 · · · · 220cm
- · 5 5cm×7cm 라벨 · · · · 1개
- · 5 지름1.2cm 가방발 · · · · 4쌍

- 패턴에 대해서 -

◆실물크기 패턴 A면의 5·6을 사용합니다.

- · 사용패턴 – 겉앞몸판, 겉뒷몸판A·B, 안앞·뒤몸판, 안주머니
- · 손잡이감, 어깨끈감, ㅁ링 고리감 패턴은 들어있지 않습니다. 기재된 치수로 직접 제도하여 사용합니다.
- · 어깨끈감, ㅁ링 고리감은 시접이 포함되어 있지 않은 치수입니다. ㅁ안의 시접을 참고하여 더해주세요.

- 패턴·제도 -

(회색 부분)은 실물크기 패턴 입니다.

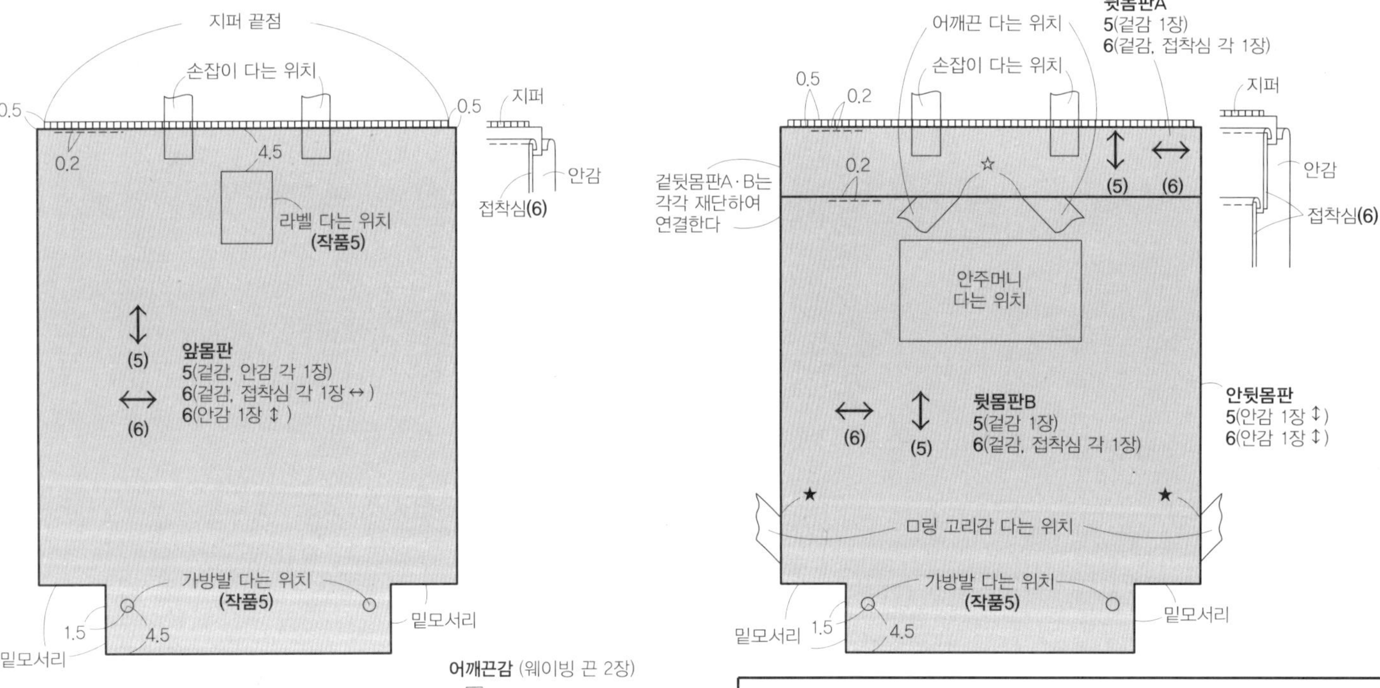

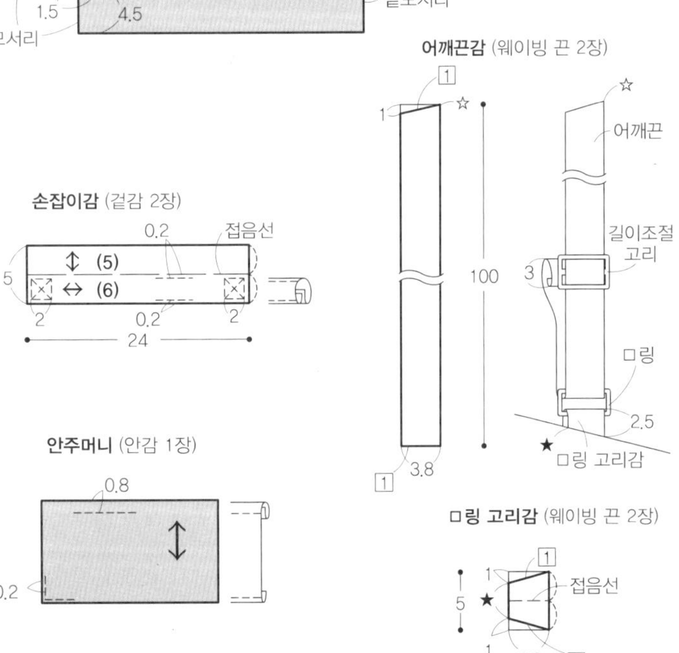

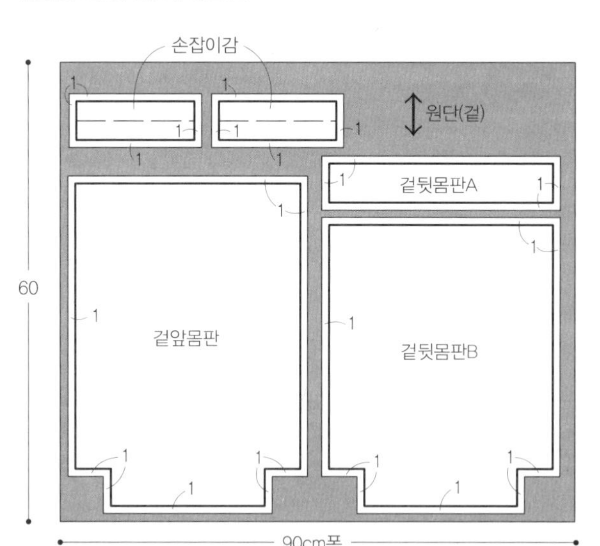

1. 손잡이를 만든다

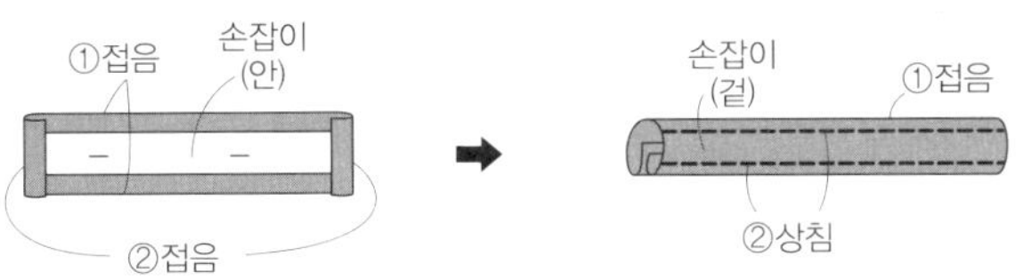

2. 안주머니를 만든다

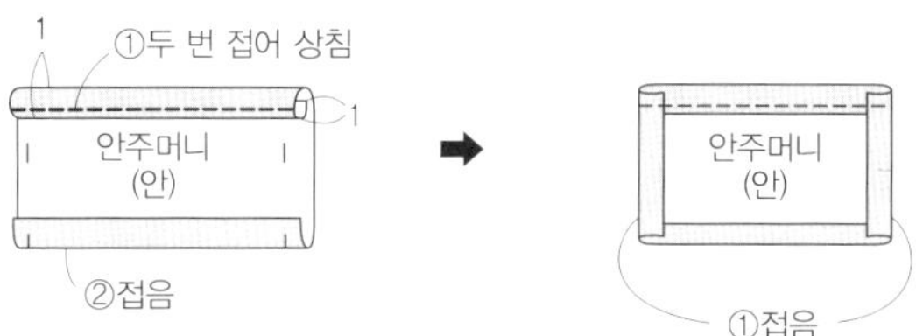

3. 어깨끈을 만든다

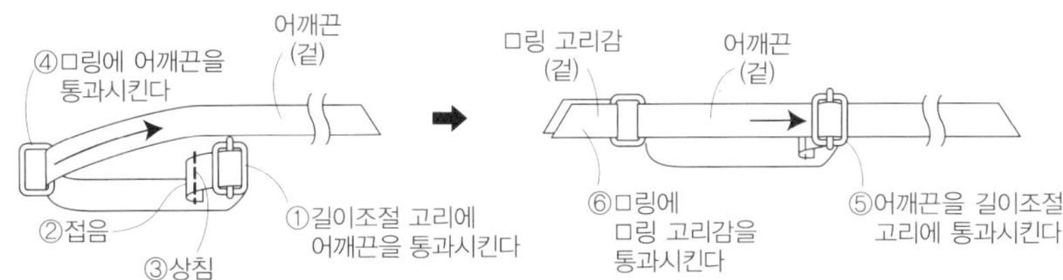

6. 겉몸판에 어깨끈을 단다

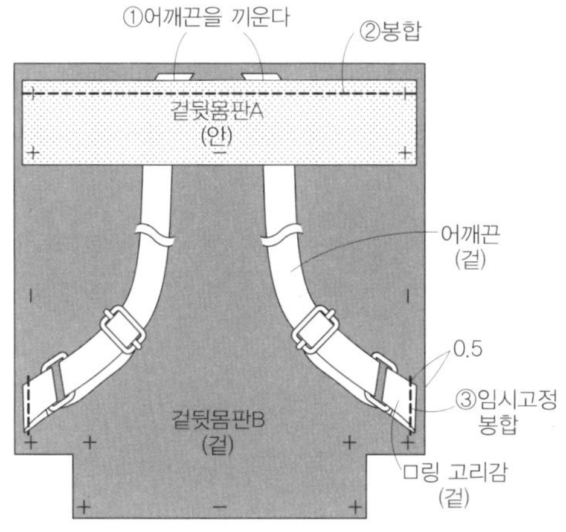

4. 안몸판에 안주머니를 단다

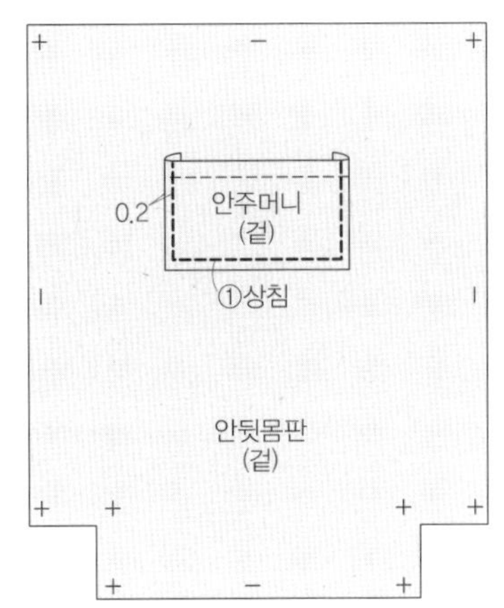

5. 겉몸판에 라벨을 단다 (작품5)

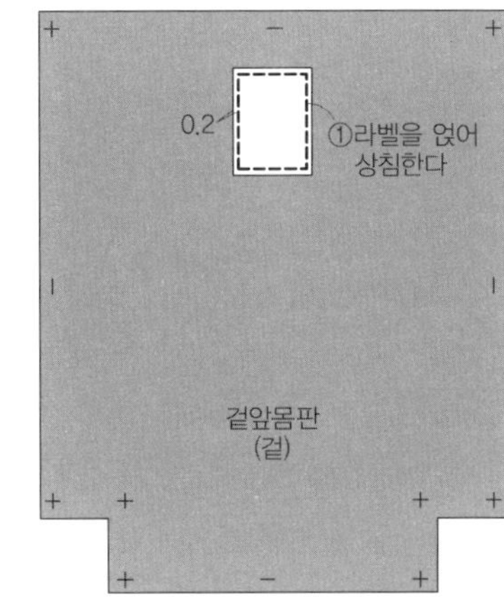

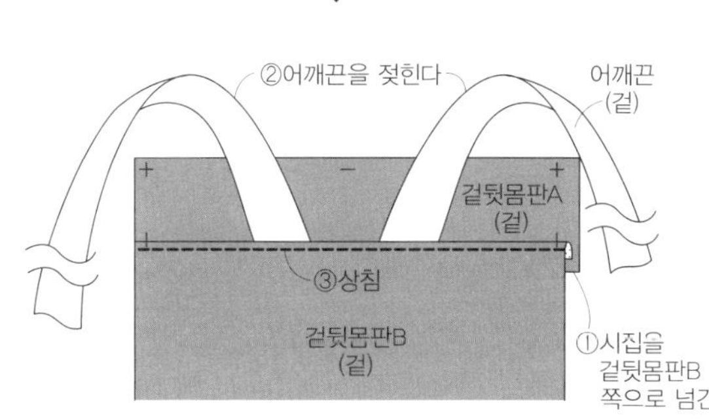

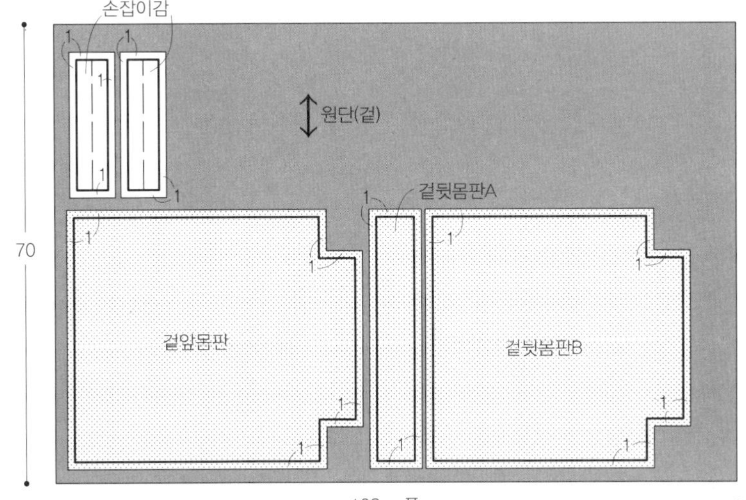

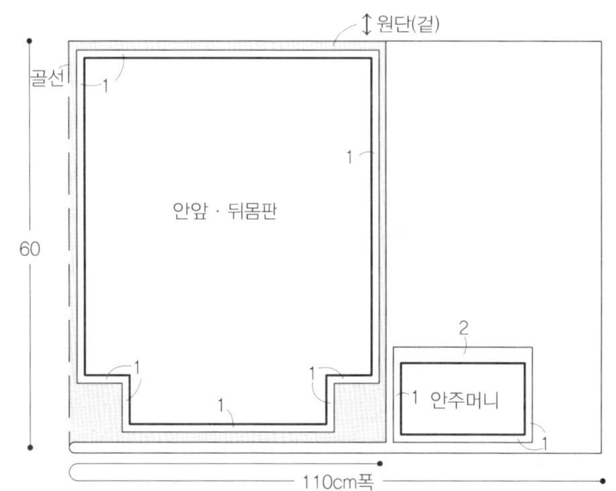

7. 몸판에 지퍼를 단다

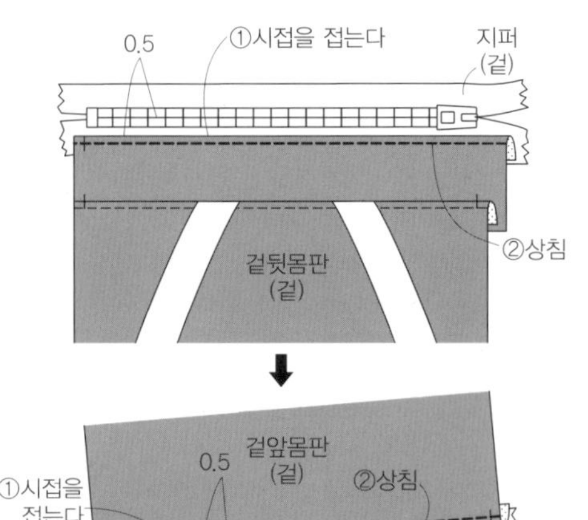

8. 몸판에 손잡이를 단다

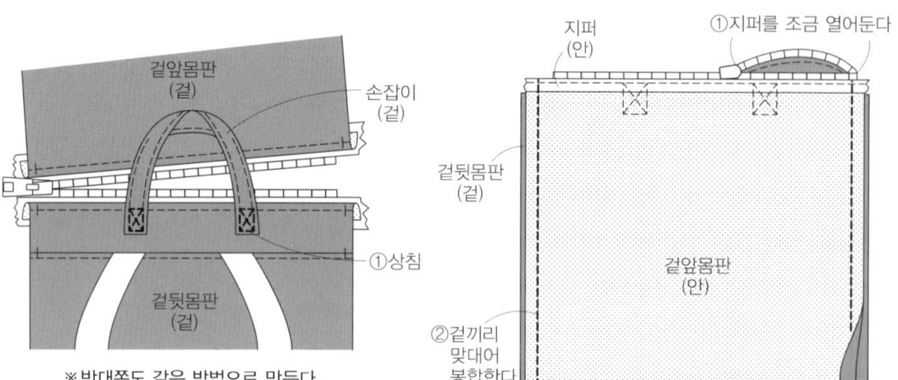

※반대쪽도 같은 방법으로 만든다

9. 겉몸판을 봉합한다

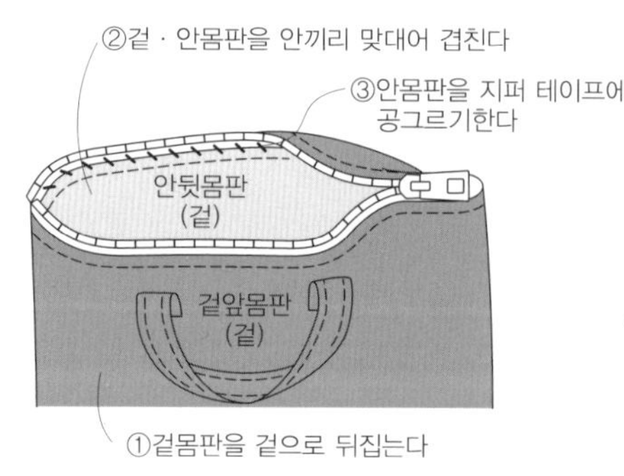

10. 안몸판을 봉합한다

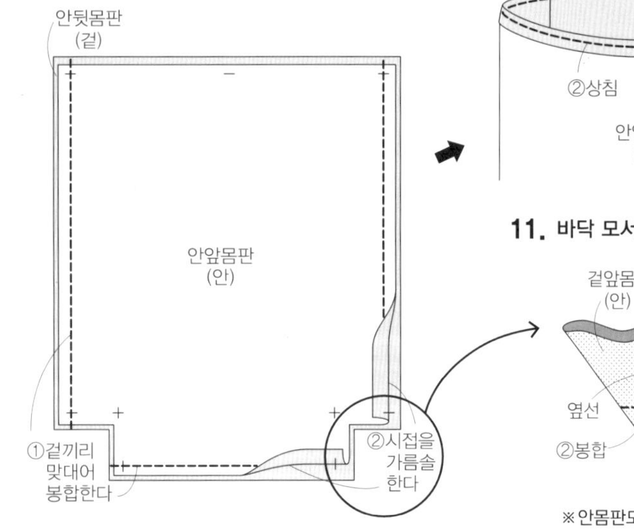

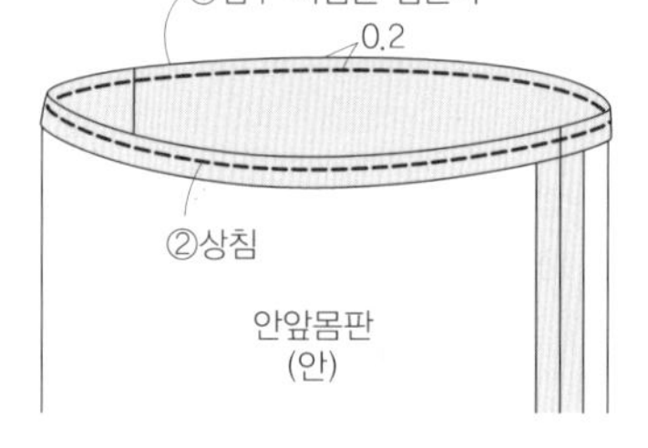

11. 바닥 모서리를 봉합한다

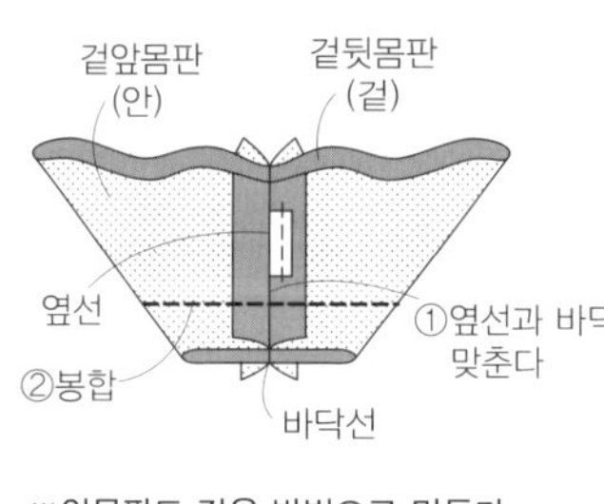

※안몸판도 같은 방법으로 만든다

12. 겉 · 안몸판을 봉합한다

13. 몸판의 바닥면에 가방발을 단다 (작품5)

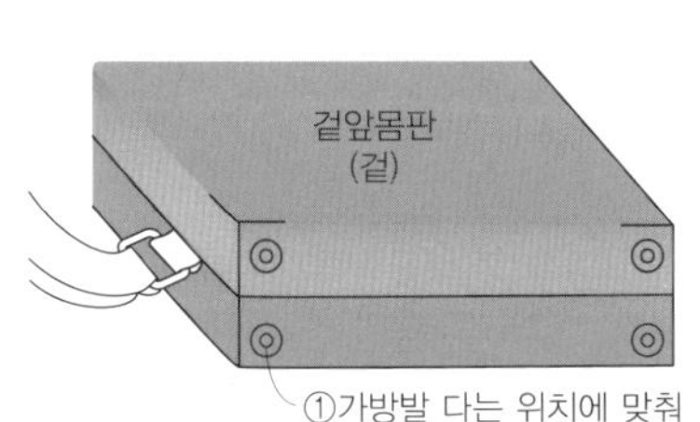

14. 완성

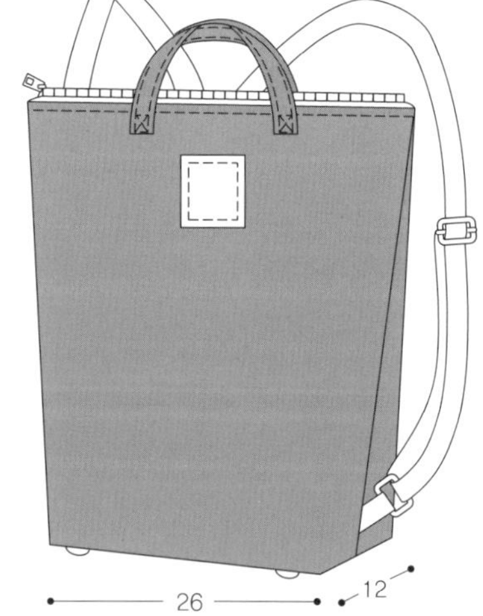

P.22 어린이용
사각 백팩

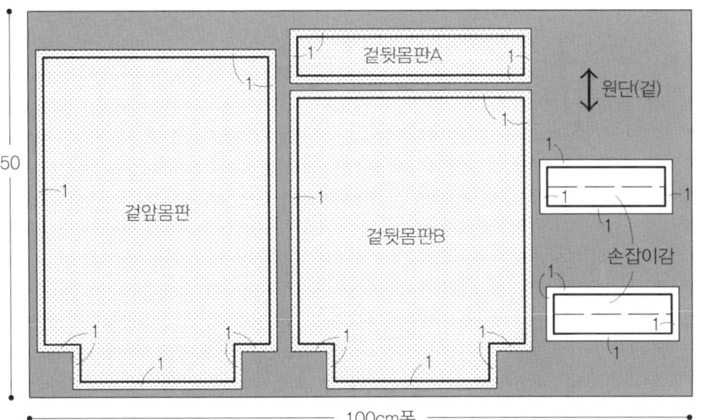

실물크기 패턴 B면

- 재료 -

- 겉감(8수 캔버스) ···· 100cm폭×50cm
- 안감(깅엄체크) ···· 70cm폭×50cm
- 접착심(소잉심지) ···· 90cm폭×50cm
- 30cm길이 지퍼 ···· 1개
- 3cm폭 □링 ···· 2개
- 3cm폭 길이조절 고리 ···· 2개
- 3cm폭 웨이빙 끈 ···· 150cm
- 와펜 ···· 1개

- 패턴에 대해서 - ◆실물크기 패턴 B면 18을 사용합니다.

- 사용패턴 – 겉앞몸판, 겉뒷몸판A·B, 안앞·뒤몸판
- 손잡이감, 어깨끈감, □링 고리감 패턴은 들어있지 않습니다. 기재된 치수로 직접 제도하여 사용합니다.
- 어깨끈감, □링 고리감은 시접이 포함되어 있지 않은 치수입니다. □안의 시접을 참고하여 더해주세요.

- 패턴 · 제도 -

(회색 부분)은 실물크기 패턴 입니다.

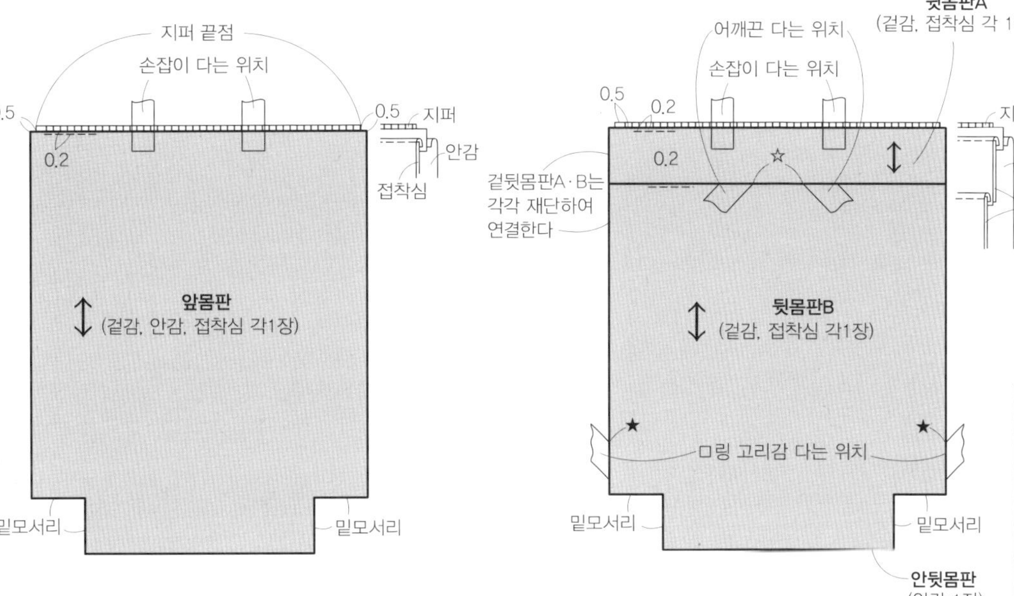

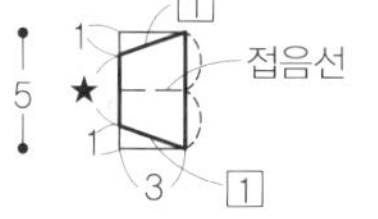

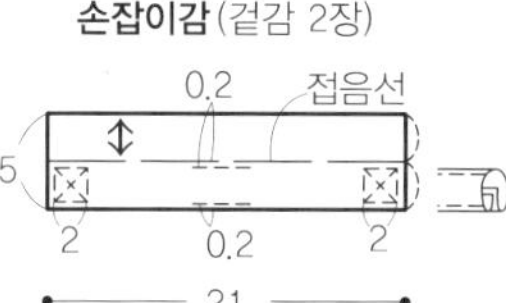

- 완성 -

※만드는 방법은 P.37 참고

- 겉감 재단배치도 - 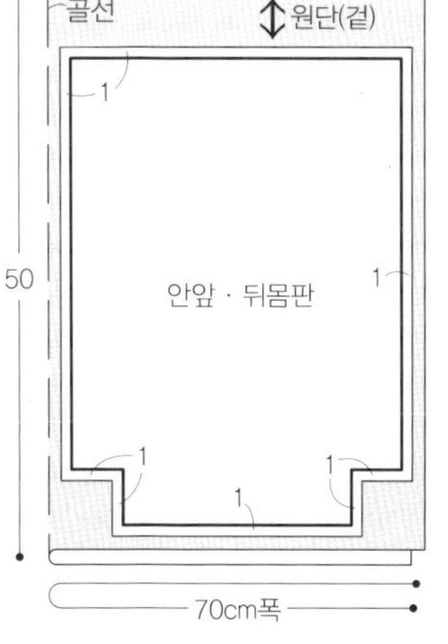=접착심(소잉심지)을 붙인다.

- 안감 재단배치도 -

P.4~5 사각 휠 프레임 백팩

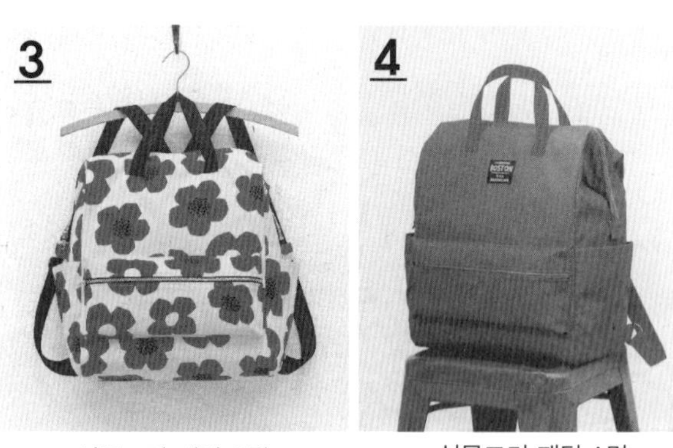

3 실물크기 패턴 A면

4 실물크기 패턴 A면

- 재료 -

- 3 겉감(코튼 라플레르) ···· 110cm폭×110cm
- 4 겉감(나일론 클레씨) ···· 135cm폭×80cm
- 안감(코튼) ···· 110cm폭×100cm
- 접착심(소잉심지) ···· 90cm폭×100cm
- 30cm폭 휠 프레임 ···· 1쌍
- 3cm폭 웨이빙 끈A ···· 220cm
- 2.5cm폭 웨이빙 끈B ···· 90cm
- 60cm길이 지퍼A ···· 1개
- 33cm길이 지퍼B ···· 1개
- 3cm폭 D링 ···· 2개
- 3cm폭 길이조절 고리 ···· 2개
- 4 4cm×5cm 라벨 ···· 1개

- 패턴에 대해서 - ◆실물크기 패턴 A면 3·4를 사용합니다.

- 사용패턴 – 겉앞·뒤몸판, 안앞·뒤몸판, 겉·안옆판, 앞위·아래 주머니, 옆주머니, 덧댐감
- D링 고리감, 지퍼 막음감, 어깨끈감, 손잡이감 패턴은 들어있지 않습니다.
  기재된 치수로 직접 제도하여 사용합니다.
- D링 고리감, 어깨끈감, 손잡이감은 시접이 포함되어 있지 않은 치수입니다.
  □안의 시접을 참고하여 더해주세요.

- 패턴·제도 -   (회색 부분)은 실물크기 패턴 입니다.

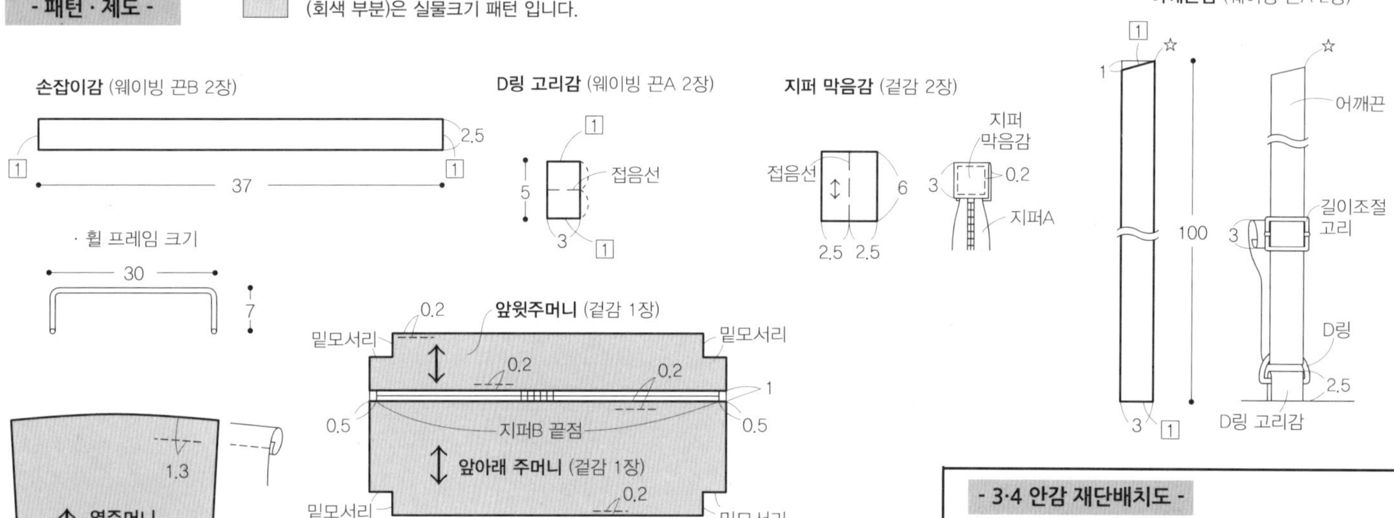

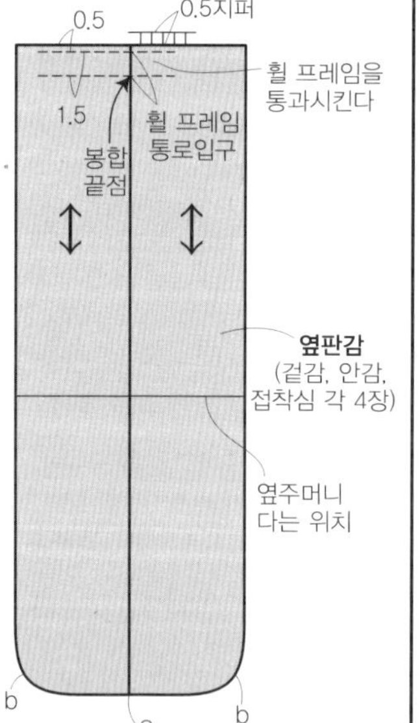

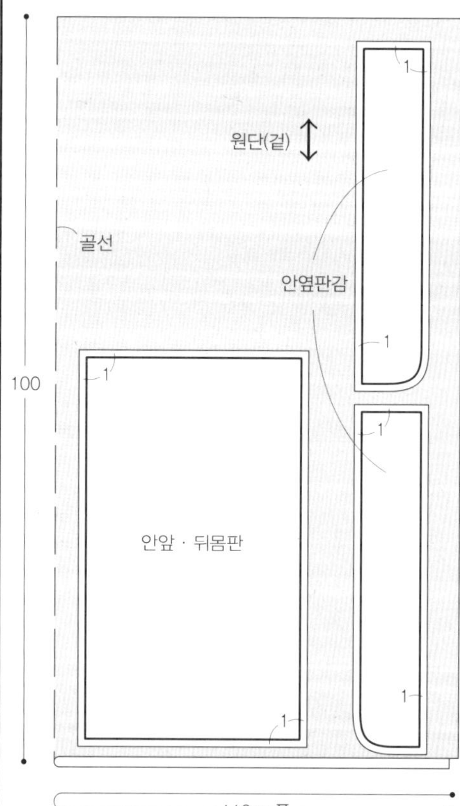

=접착심(소잉심지)을 **작품3**에만 붙인다.

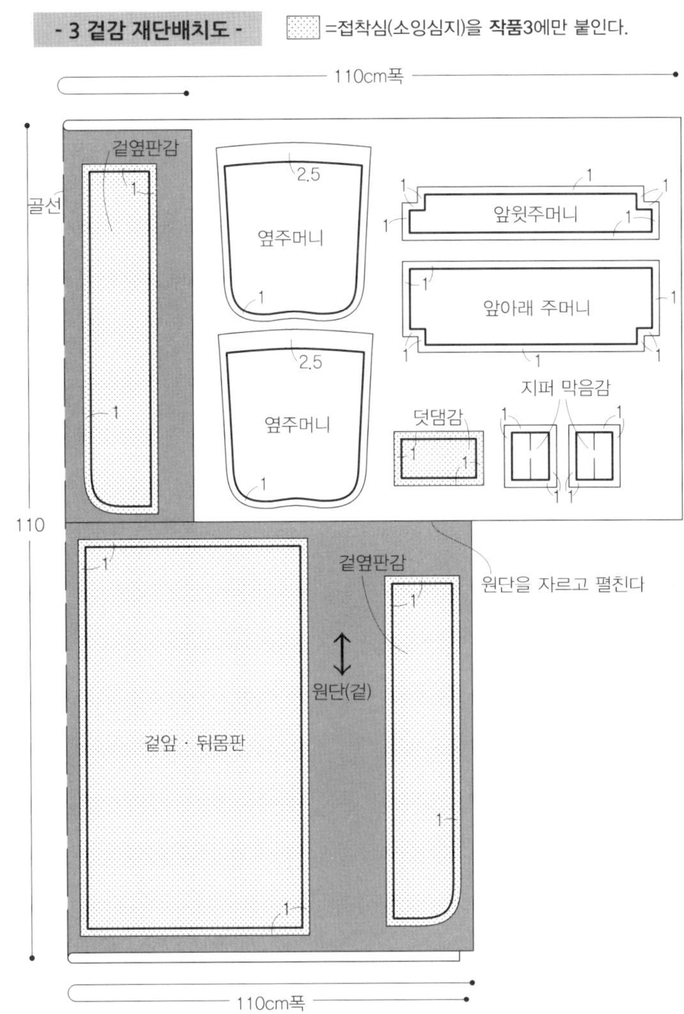

※**작품4**는 접착심(소잉심지)을 붙이지 않고 만든다.

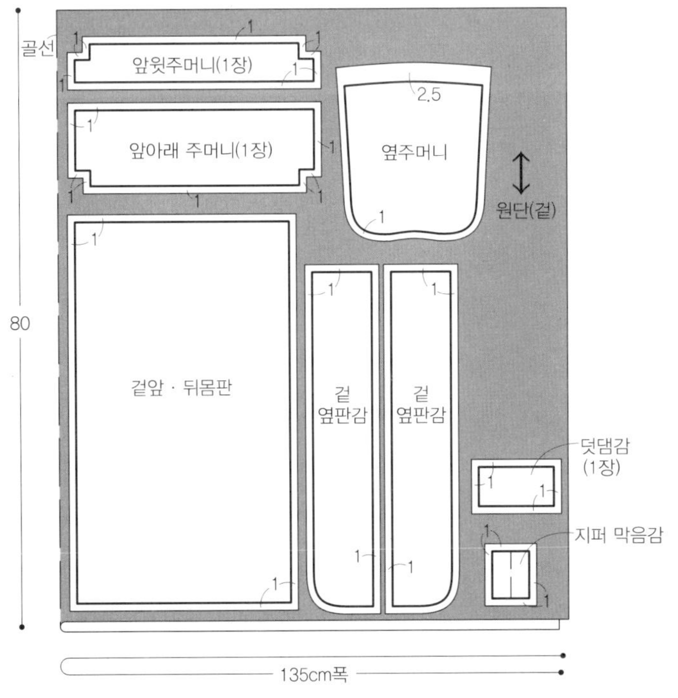

 ※**작품3**은 봉합하기 전 지정된 위치에 맞춰 접착심(소잉심지)을 붙입니다.

1. D링 고리감을 만든다

2. 옆주머니를 만든다

3. 앞주머니를 만든다

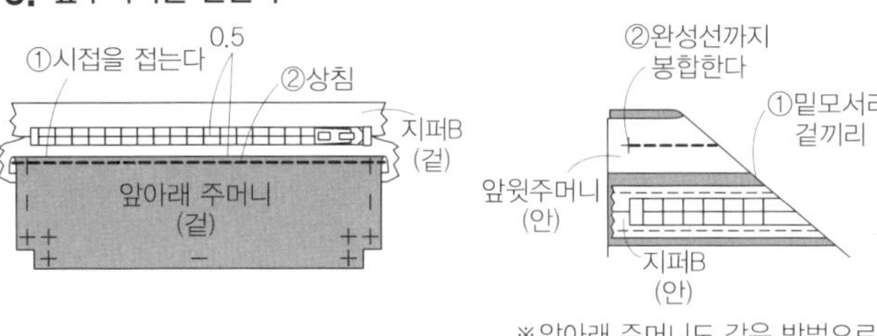

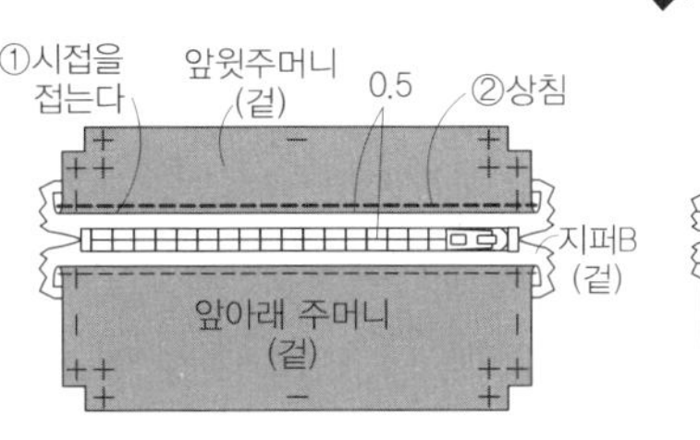

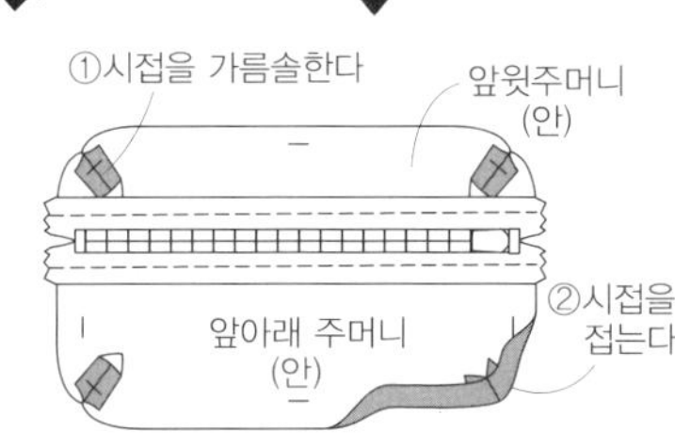

4. 겉앞몸판에 라벨과 앞주머니를 단다

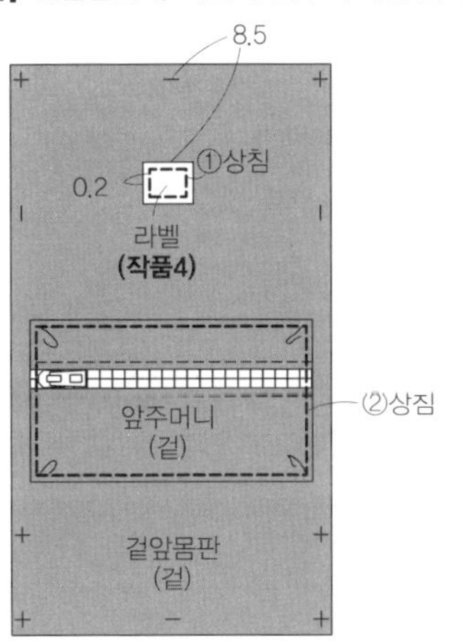

5. 겉뒷몸판에 D링 고리감을 단다

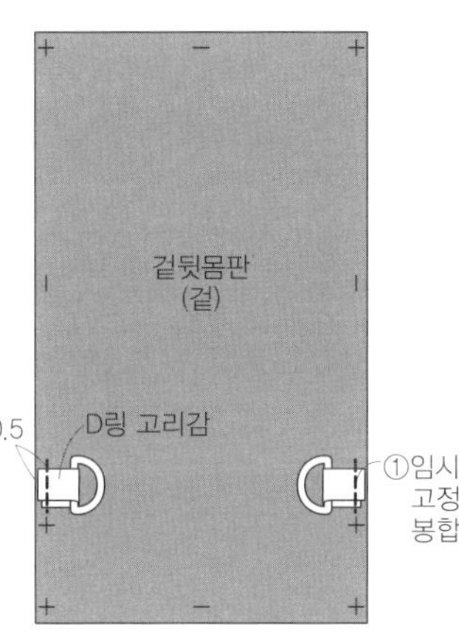

6. 겉몸판의 바닥면을 봉합한다

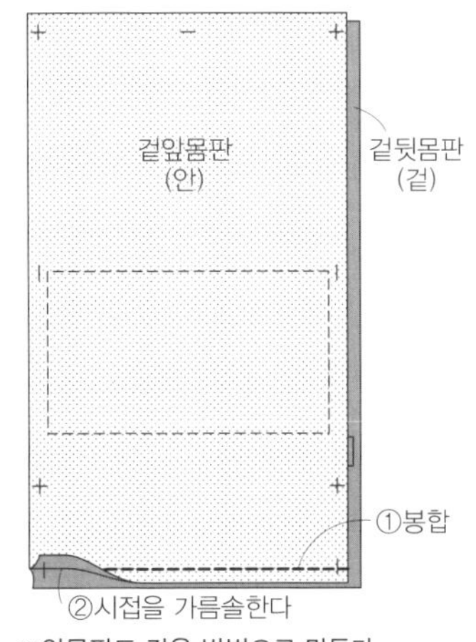

7. 겉옆판감을 만든다

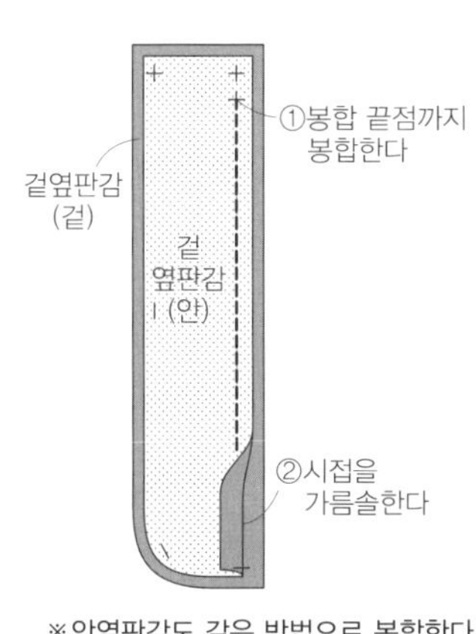

8. 겉옆판감에 옆주머니를 임시고정한다

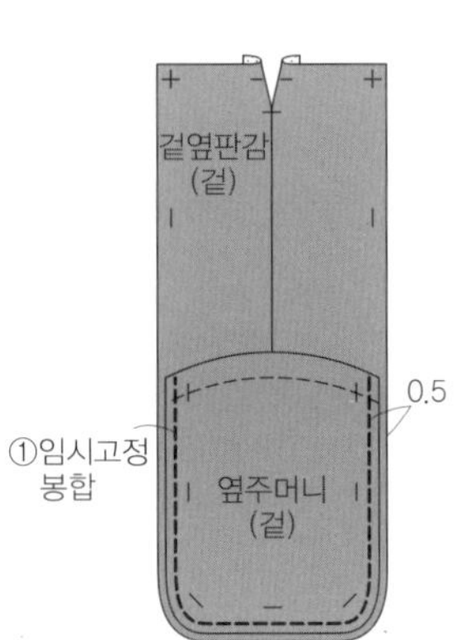

9. 겉몸판과 겉옆판감을 봉합한다

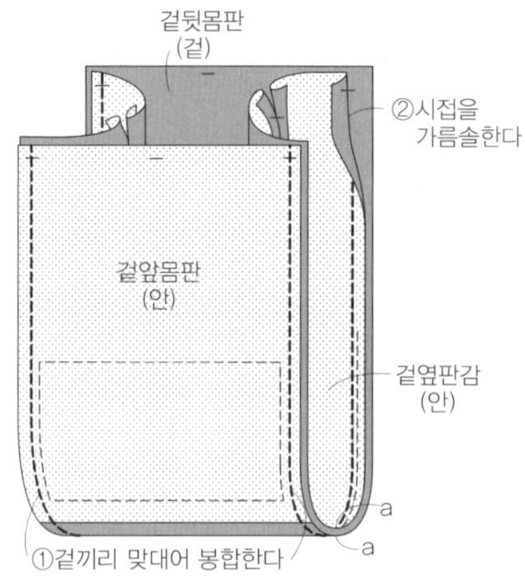

10. 안몸판과 안옆판감을 봉합한다

11. 겉 · 안몸판을 봉합한다

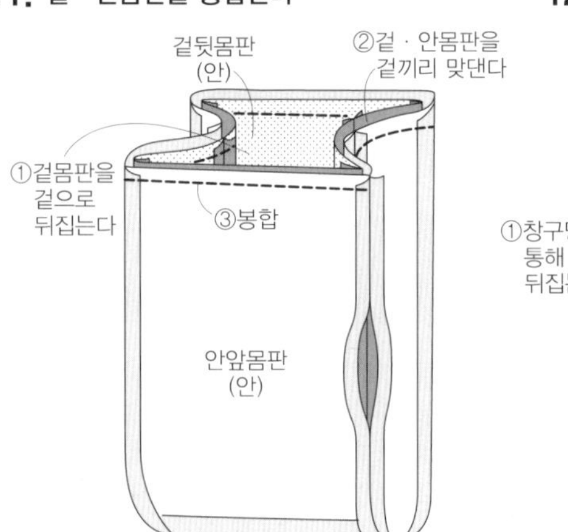

12. 겉으로 뒤집어 정리한다

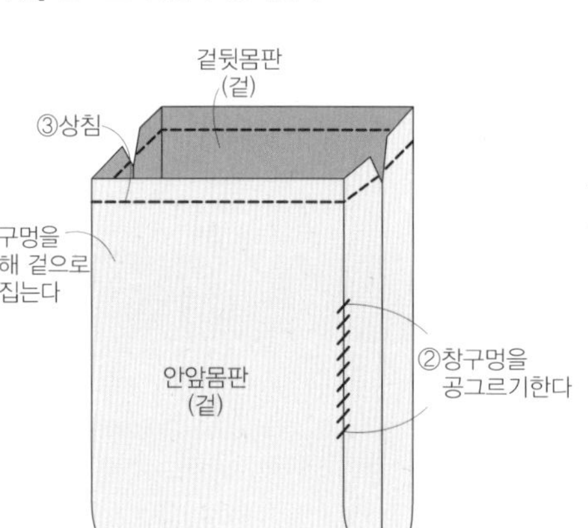

13. 입구에 지퍼A를 단다

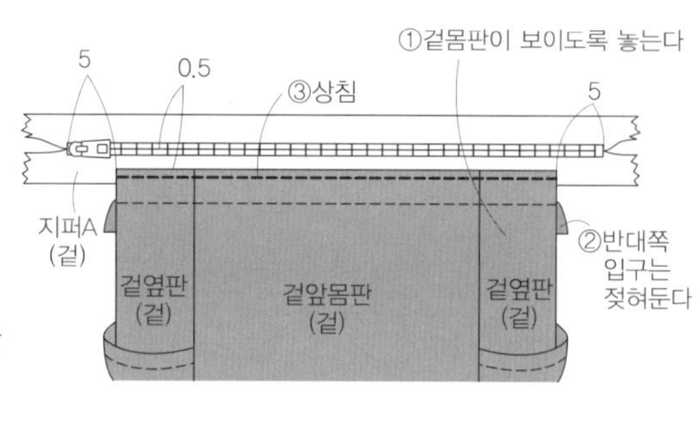

※지퍼를 열고 반대쪽도 같은 방법으로 만든다

14. 지퍼에 지퍼 막음감을 단다

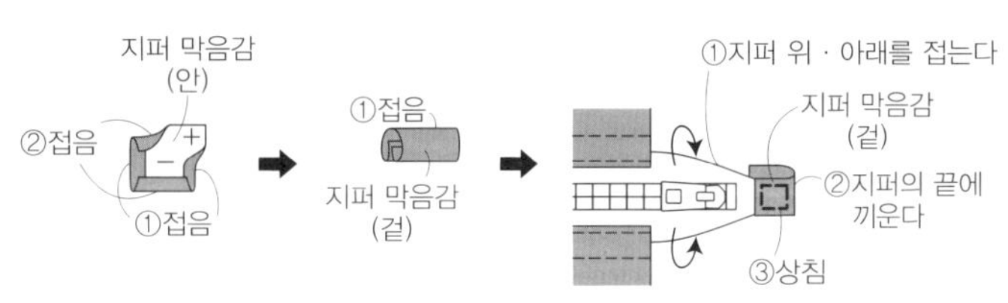

15. 겉몸판에 손잡이를 단다

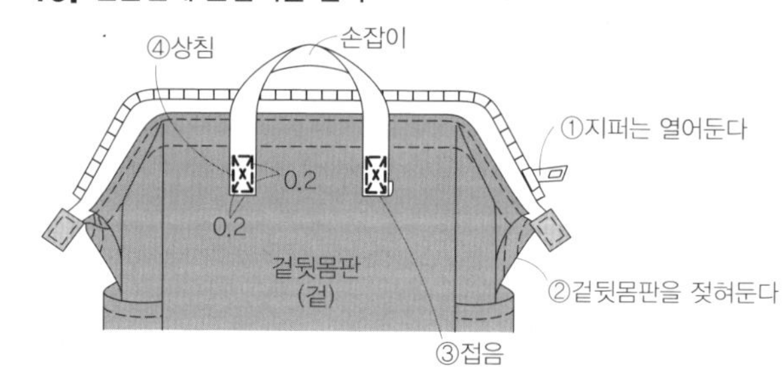

※반대쪽도 같은 방법으로 만든다

16. 어깨끈을 만든다 (P.37의 **3**-①~⑤과정 **참고**)

17. 겉뒷몸판에 어깨끈, 덧댐감을 단다

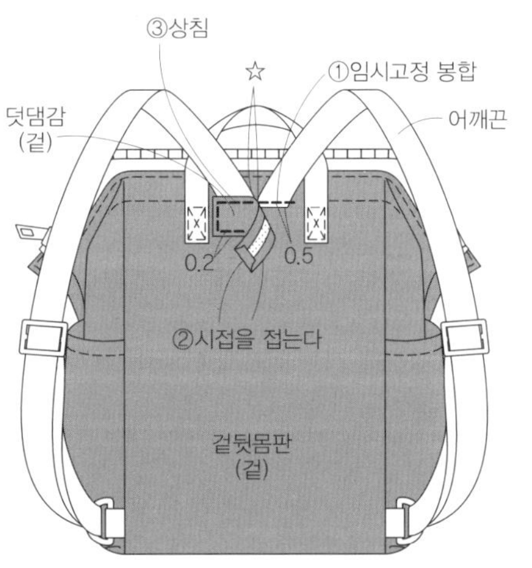

18. 완성

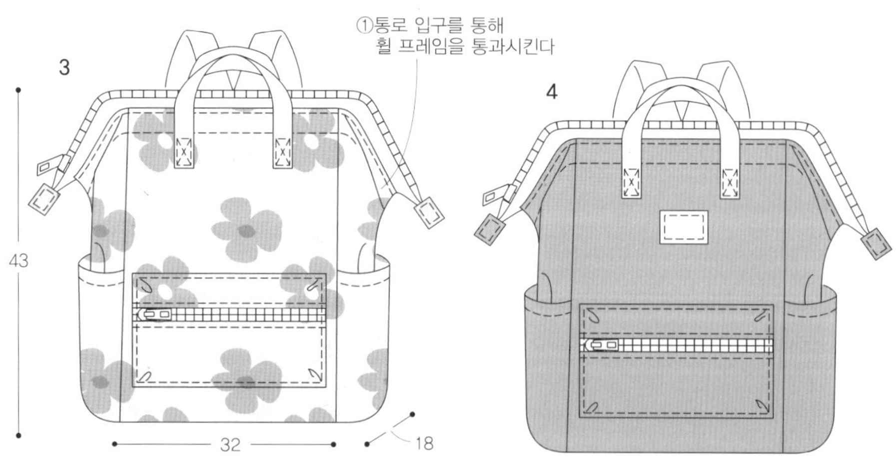

10

실물크기 패턴 A면

- 재료 -

- 겉감(코튼리넨_데님 패치) ···· 110cm폭×90cm
- 안감(코튼) ···· 110cm폭×70cm
- 접착심(소잉심지) ···· 90cm폭×100cm
- 3cm폭 웨이빙 끈A ···· 140cm
- 3.8cm폭 웨이빙 끈B ···· 220cm
- 3.9cm폭 길이조절 고리 ···· 2개
- 3cm폭 버클 ···· 2쌍
- 3.9cm폭 □링 ···· 2개
- 0.3cm폭 끈 ···· 160cm
- 스토퍼 ···· 1개

- 패턴에 대해서 - ◆실물크기 패턴 A면 10을 사용합니다.

- 사용패턴 – 겉앞·뒤몸판, 안앞·뒤몸판, 겉·안바닥감, 덮개감, 덧댐감
- 손잡이감, 벨트A·B, 어깨끈감, □링 고리감 패턴은 들어있지 않습니다.
  기재된 치수로 직접 제도하여 사용합니다.
- 벨트A·B, 어깨끈감, □링 고리감은 시접이 포함되어 있지 않은 치수입니다.
  □안의 시접을 참고하여 더해주세요.

- 패턴·제도 -

(회색 부분)은 실물크기 패턴 입니다.

덮개감 (겉감, 접착심 각 1장)

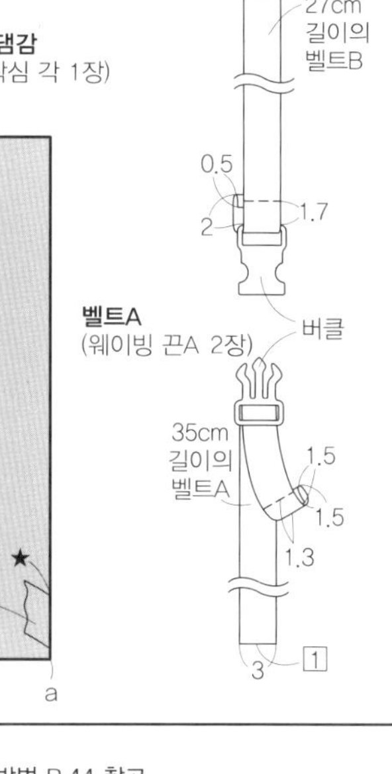

손잡이감 (겉감 1장)

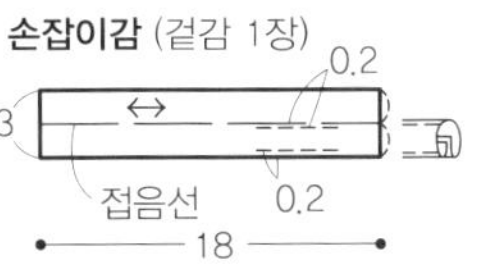

앞몸판 (겉감, 안감, 접착심 각 1장)
35cm 길이의 벨트A 다는 위치

끈 통로 입구를 통해 160cm 길이의 끈을 통과시킨다

끈 통로 입구 (단춧구멍)

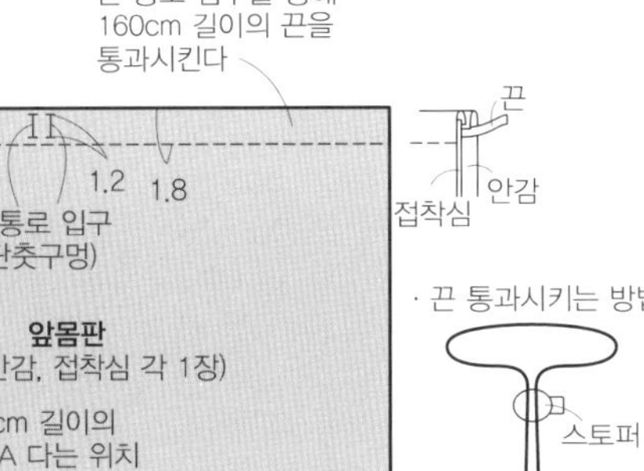

· 끈 통과시키는 방법
스토퍼

· 끈 { 길이 = 160
굵기 = 0.3 }

뒷몸판 (겉감, 안감, 접착심 각 1장)

어깨끈 다는 위치
손잡이 다는 위치
덮개감 다는 위치
덧댐감 (겉감, 접착심 각 1장)

□링 고리감 다는 위치

벨트B (웨이빙 끈A 2장)
27cm 길이의 벨트B

벨트A (웨이빙 끈A 2장)
버클
35cm 길이의 벨트A

바닥감 (겉감, 안감, 접착심 각 1장)

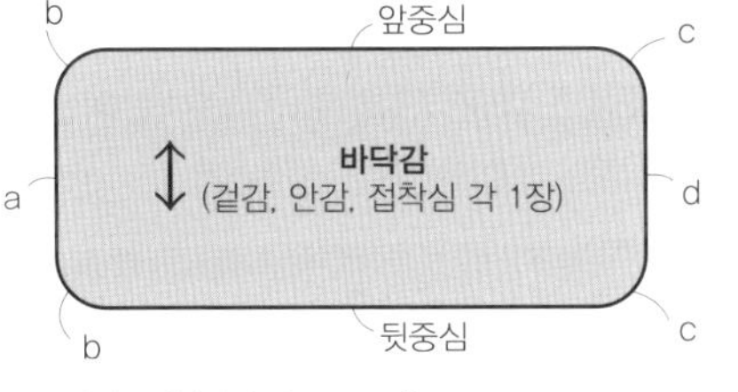

앞중심
뒷중심

어깨끈감 (웨이빙 끈B 2장)

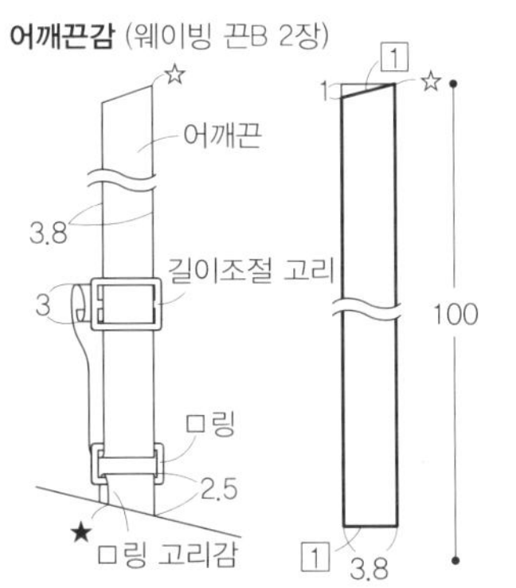

어깨끈
길이조절 고리
□링
□링 고리감

□링 고리감 (웨이빙 끈B 2장)

접음선

- 겉감 재단배치도 -

=접착심(소잉심지)을 붙인다.   ※만드는 방법 P.44 참고

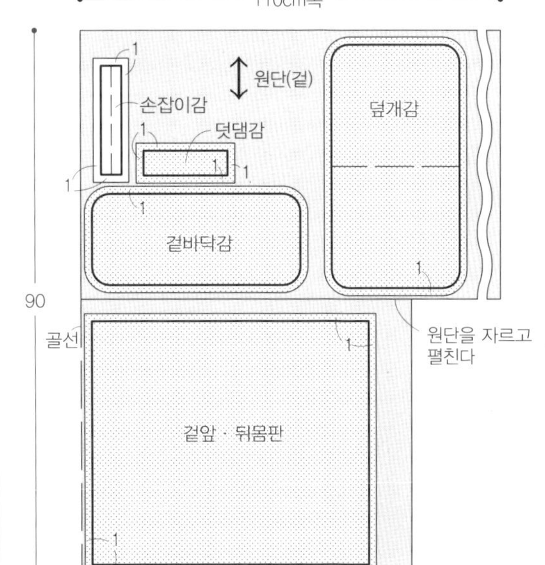

손잡이감
덧댐감
덮개감
겉바닥감
원단(겉)
겉앞·뒤몸판
110cm폭
90
골선
원단을 자르고 펼친다

-안감 재단 배치도-

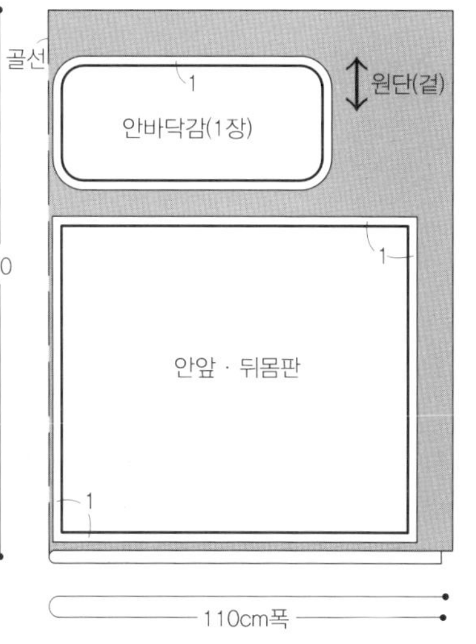

원단(겉)
안바닥감(1장)
골선
안앞·뒤몸판
70
110cm폭

※봉합하기 전 지정된 위치에 맞춰 접착심(소잉심지)을 붙입니다.

1. 손잡이를 만든다

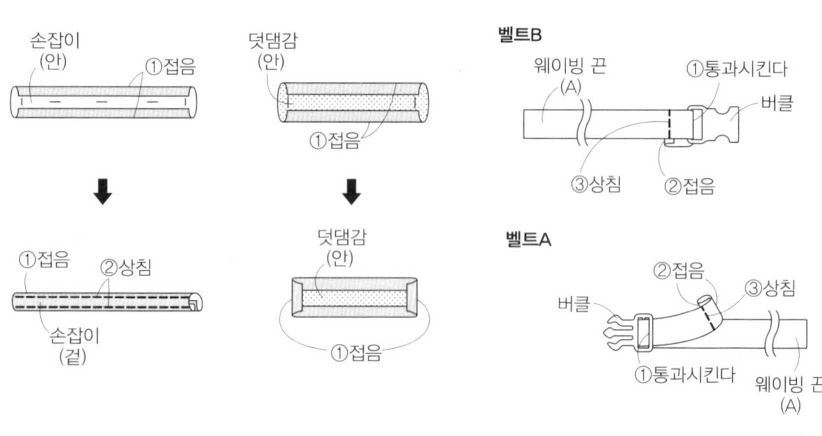

2. 덧댐감을 만든다

3. 벨트를 만든다

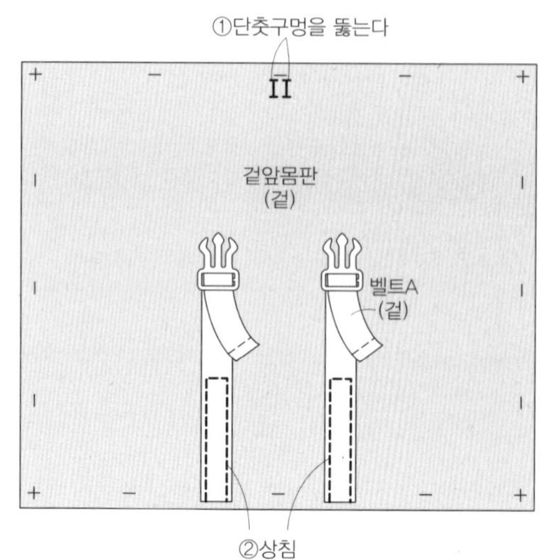

4. 겉앞몸판에 단춧구멍을 뚫고, 벨트A를 단다

5. 어깨끈을 만든다 (P.37- 3 참고)

6. 겉몸판에 어깨끈, 손잡이, ㅁ링 고리감, 덧댐감을 단다

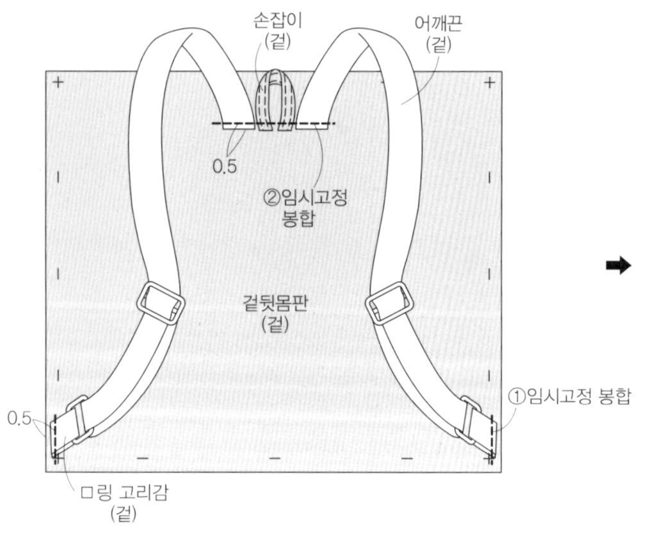

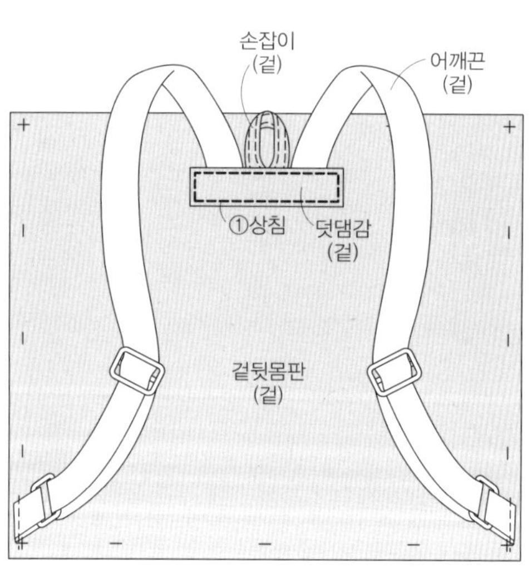

7. 겉몸판을 봉합한다

8. 안몸판을 봉합한다

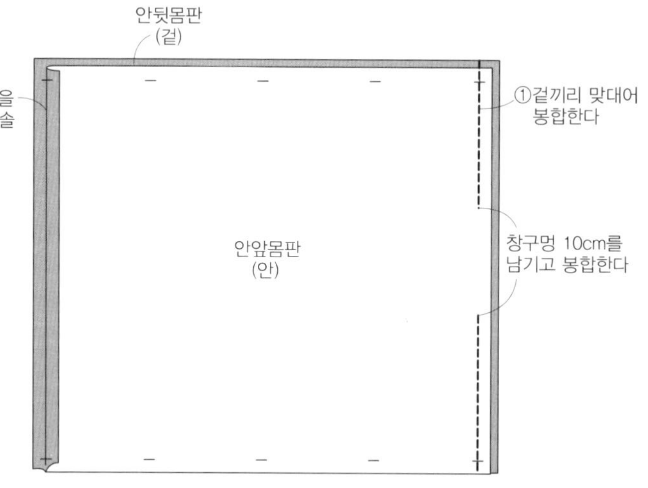

9. 몸판과 바닥감을 봉합한다

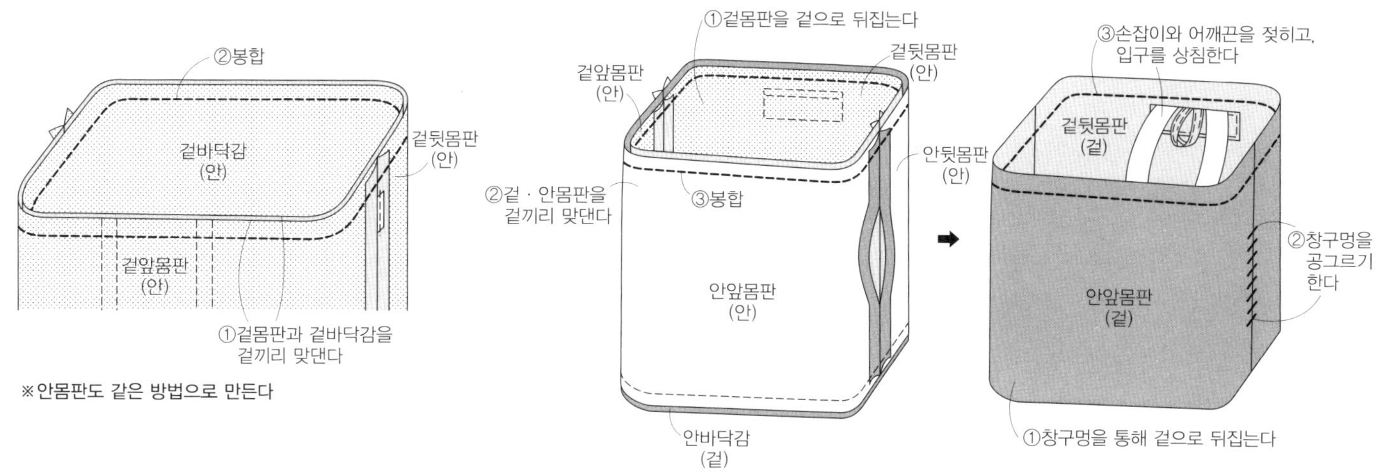

10. 겉 · 안몸판을 봉합한다

11. 덮개감을 만들고, 벨트B를 단다

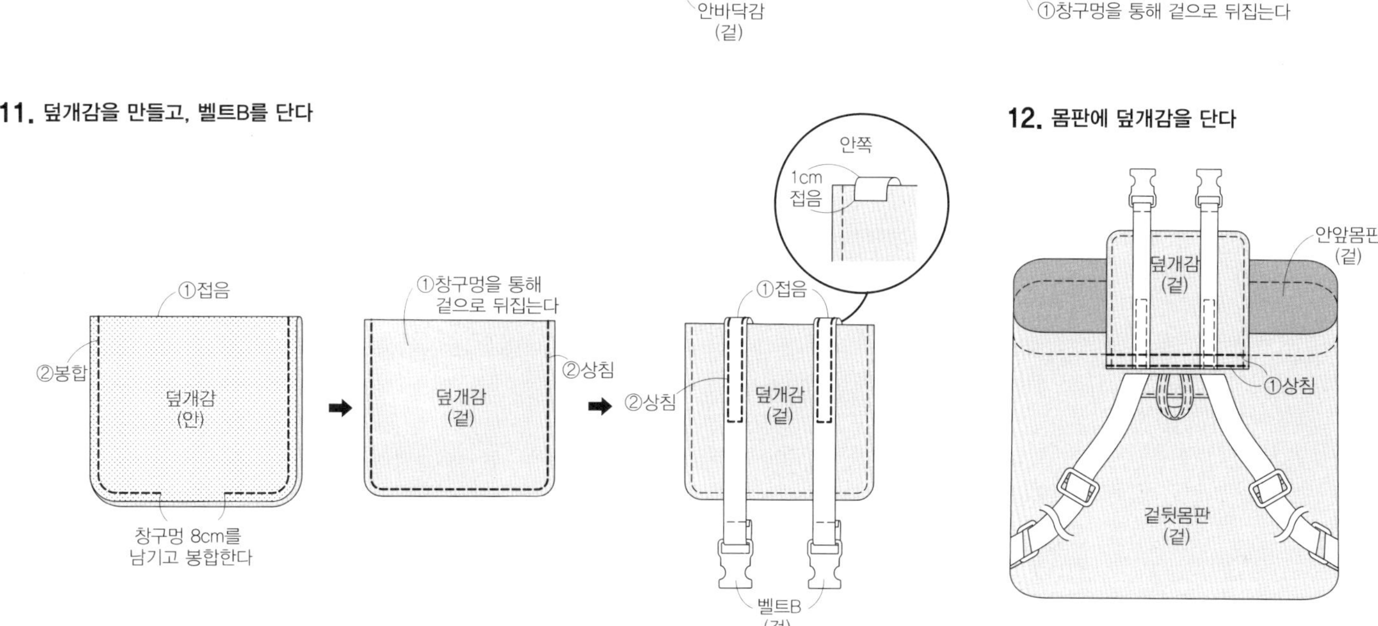

12. 몸판에 덮개감을 단다

13. 단춧구멍에 끈을 끼워 넣는다

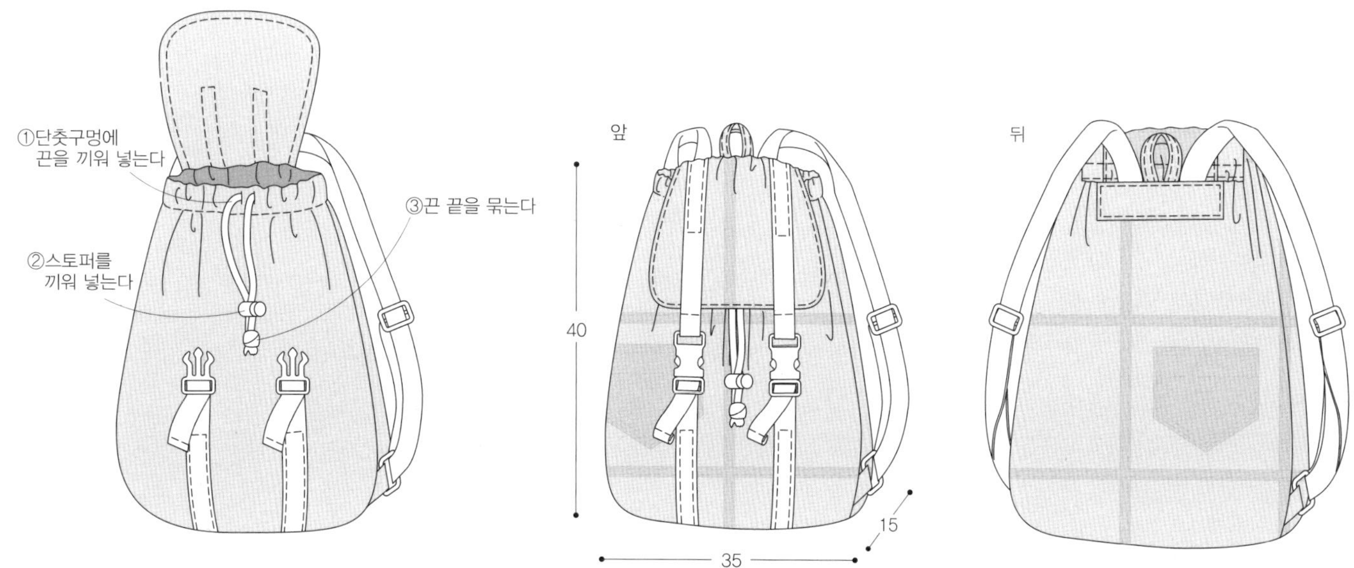

14. 완성

7

실물크기 패턴 B면

- 재료 -

- 겉감(코튼리넨) · · · · 100cm폭×80cm
- 안감(코튼) · · · · 100cm폭×80cm
- 접착심(소잉심지) · · · 90cm폭×80cm
- 2.1cm폭 아일렛 · · · · 4쌍
- 1.3cm폭 로프 · · · 170cm

- 패턴에 대해서 -   ◆실물크기 패턴 B면 7을 사용합니다.

- 사용패턴 – 겉앞 · 뒤몸판, 안앞 · 뒤몸판, 겉 · 안바닥감
- 로프 고리감, 로프 통로감, 손잡이감 패턴은 들어있지 않습니다.
기재된 치수로 직접 제도하여 사용합니다.

- 패턴 · 제도 -

(회색 부분)은 실물크기 패턴 입니다.

- 로프 { 길이 = 170
폭 = 1.3
- 아일렛 폭 = 2.1

로프 고리감, 로프 통로감
(겉감, 접착심 각 2장)

손잡이감 (겉감 1장)

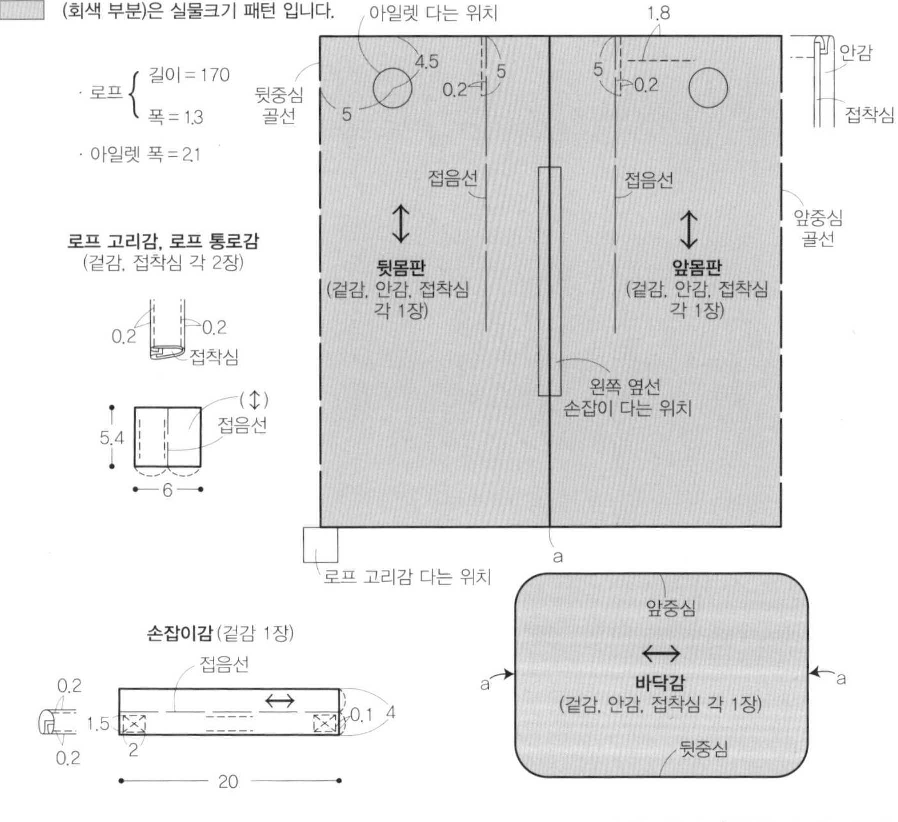

- 겉감 재단배치도 -   [:::::]=접착심(소잉심지)을 붙인다.

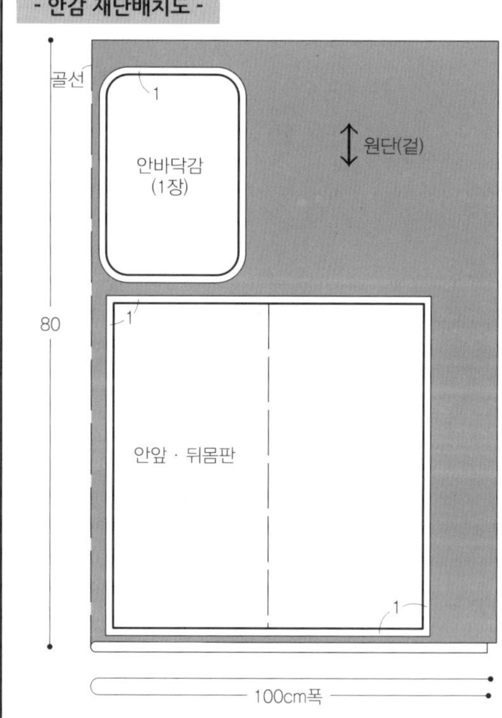

- 안감 재단배치도 -

- 만드는 방법 -   ※봉합하기 전 지정된 위치에 맞춰 접착심(소잉심지)을 붙입니다.

1. 로프 고리감을 만들어 걸뒷몸판에 단다

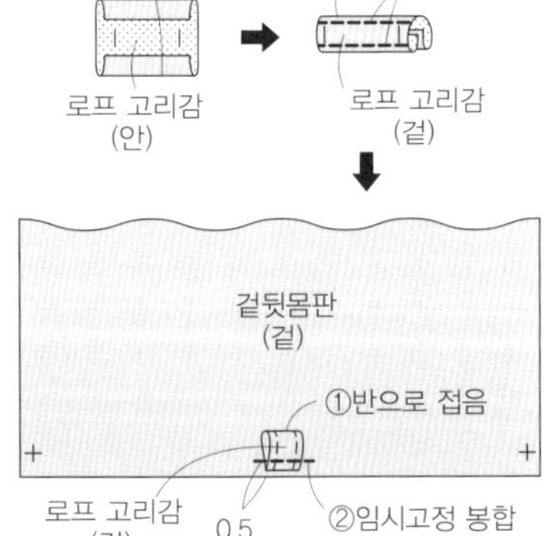

2. 손잡이를 만든다

3. 로프 통로감을 만든다

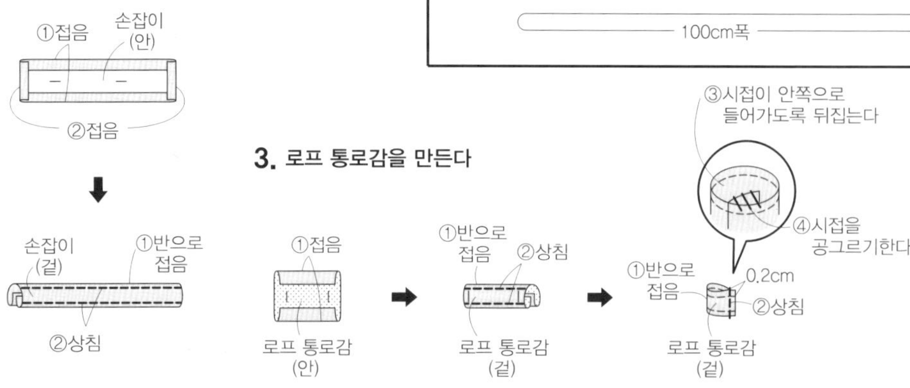

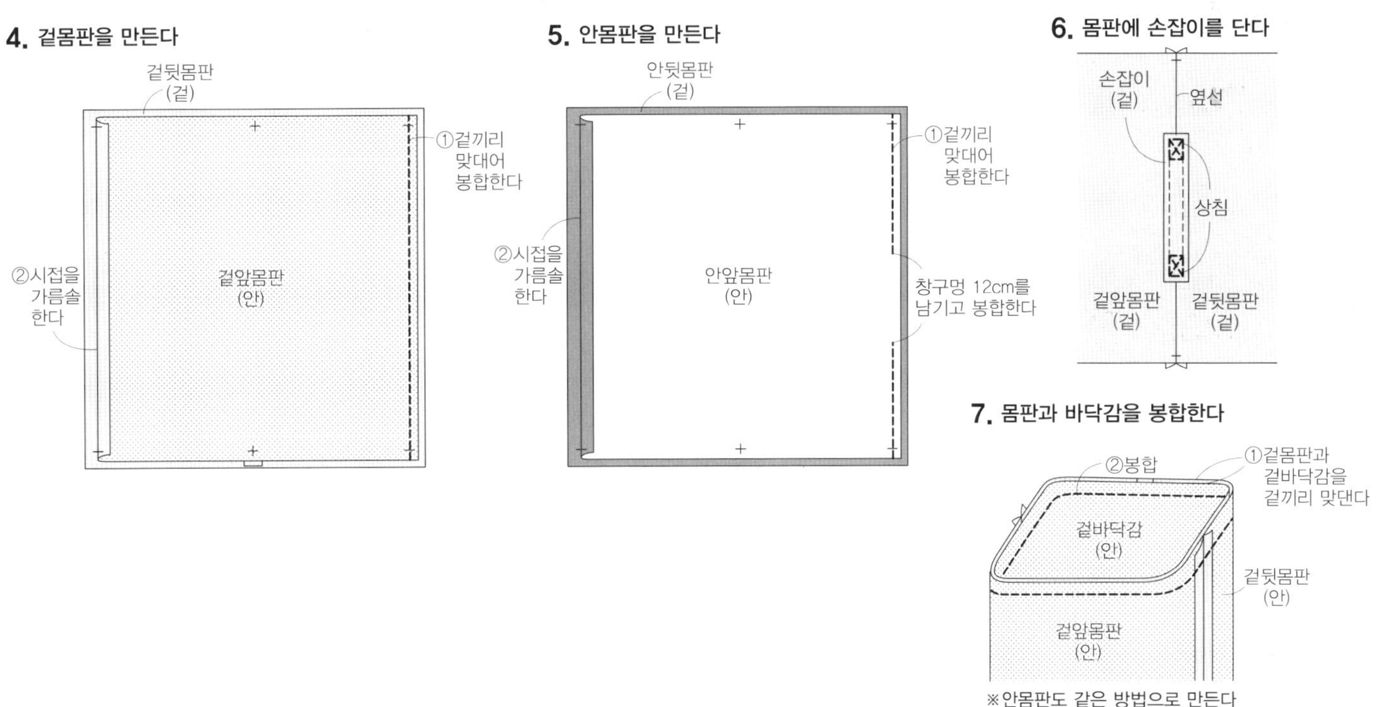

4. 겉몸판을 만든다

겉뒷몸판
(겉)

겉앞몸판
(안)

① 겉끼리 맞대어 봉합한다

② 시접을 가름솔 한다

5. 안몸판을 만든다

안뒷몸판
(겉)

안앞몸판
(안)

① 겉끼리 맞대어 봉합한다

② 시접을 가름솔 한다

창구멍 12cm를 남기고 봉합한다

6. 몸판에 손잡이를 단다

손잡이
(겉)

옆선

상침

겉앞몸판
(겉)

겉뒷몸판
(겉)

7. 몸판과 바닥감을 봉합한다

② 봉합

① 겉몸판과 겉바닥감을 겉끼리 맞댄다

겉바닥감
(안)

겉뒷몸판
(안)

겉앞몸판
(안)

※ 안몸판도 같은 방법으로 만든다

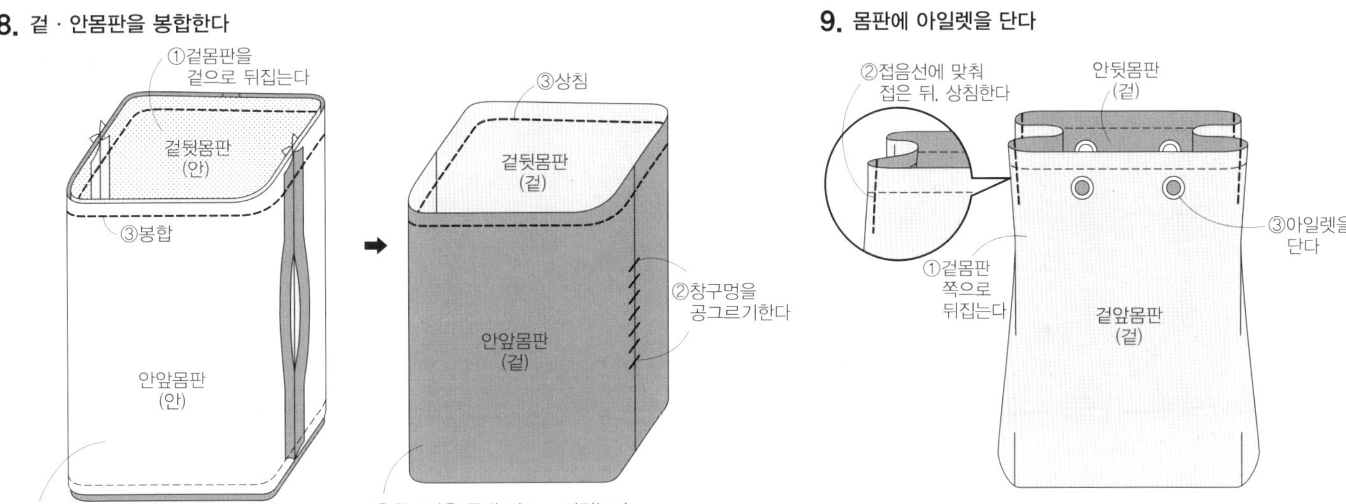

8. 겉·안몸판을 봉합한다

① 겉몸판을 겉으로 뒤집는다

겉뒷몸판
(안)

③ 봉합

안앞몸판
(안)

② 겉·안몸판을 겉끼리 맞댄다

③ 상침

겉뒷몸판
(겉)

안앞몸판
(겉)

② 창구멍을 공그르기한다

① 창구멍을 통해 겉으로 뒤집는다

9. 몸판에 아일렛을 단다

② 접음선에 맞춰 접은 뒤, 상침한다

안뒷몸판
(겉)

① 겉몸판 쪽으로 뒤집는다

겉앞몸판
(겉)

③ 아일렛을 단다

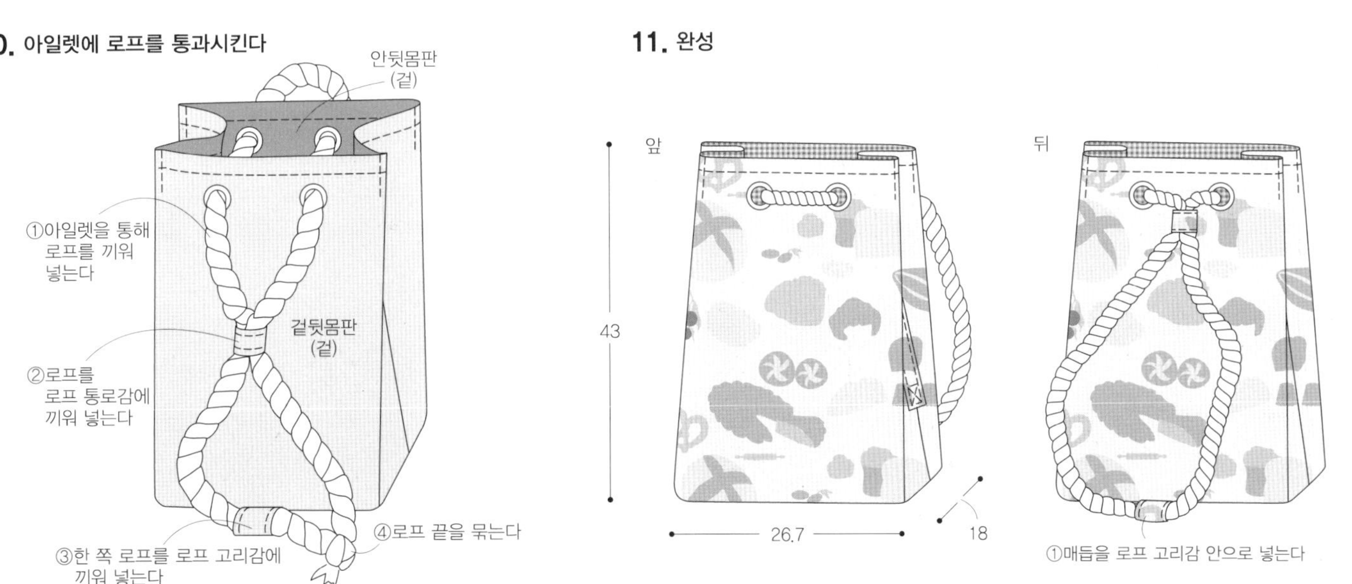

10. 아일렛에 로프를 통과시킨다

안뒷몸판
(겉)

① 아일렛을 통해 로프를 끼워 넣는다

② 로프를 로프 통로감에 끼워 넣는다

겉뒷몸판
(겉)

③ 한 쪽 로프를 로프 고리감에 끼워 넣는다

④ 로프 끝을 묶는다

11. 완성

앞

43

26.7

18

뒤

① 매듭을 로프 고리감 안으로 넣는다

8

실물크기 패턴 A면

- 재료 -

· 겉감(코카 코튼) ···· 100cm폭×70cm
· 안감(코튼) ···· 100cm폭×70cm
· 접착심(소잉심지) ···· 90cm폭×70cm
· 23cm길이 지퍼 ···· 1개
· 0.3cm폭 끈 40cm ···· 1개
· 3cm폭 단추 ···· 1개
· 백팩용 웨이빙 핸들 ···· 1개
  (기성제품 사용)

- 패턴에 대해서 -

◆실물크기 패턴 A면 8을 사용합니다.

·사용패턴 – 겉앞·뒤몸판, 안앞·뒤몸판, 겉·안옆판감, 겉·안덮개감

- 패턴·제도 -

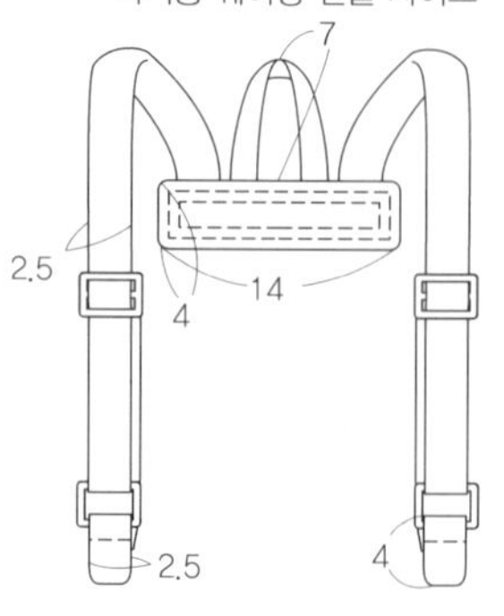

덮개감 (겉감. 안감. 접착심 각 1장)

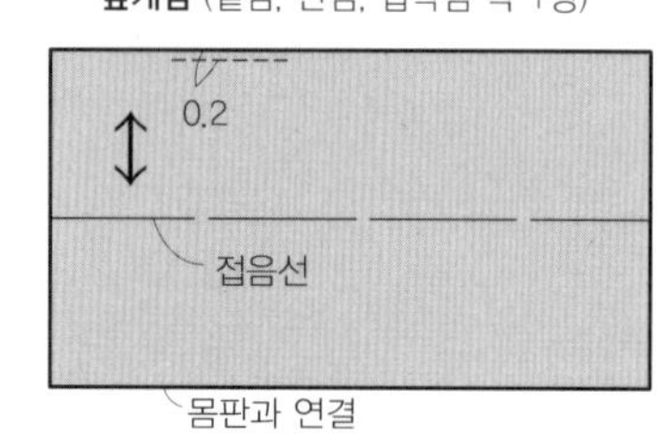

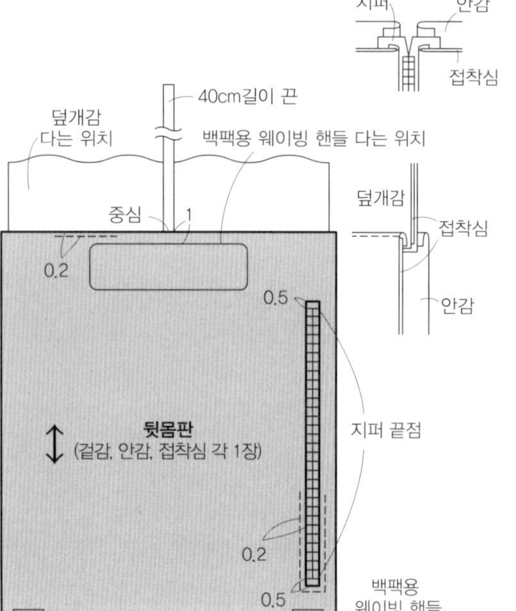

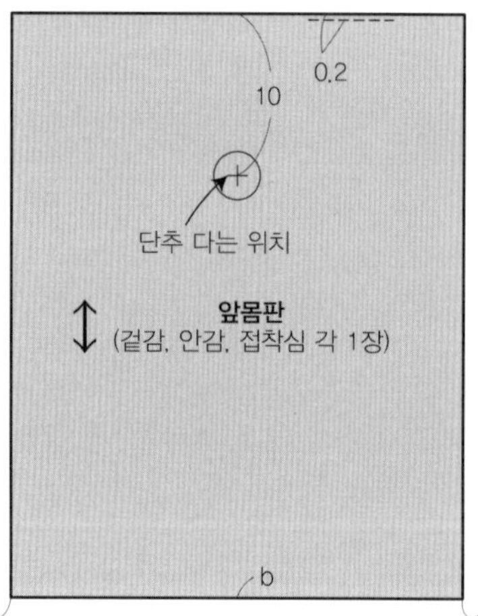

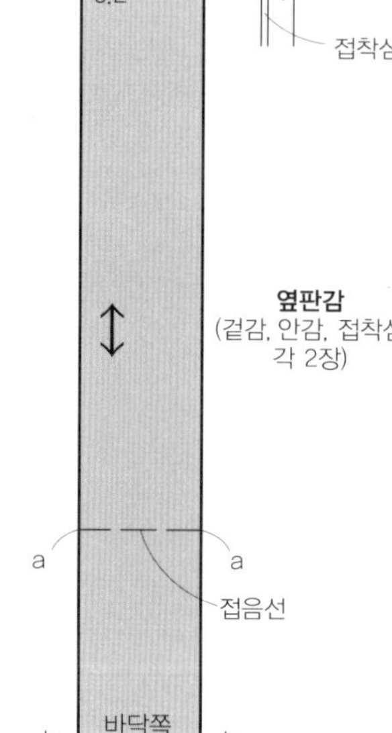

- 겉·안감 재단배치도 -

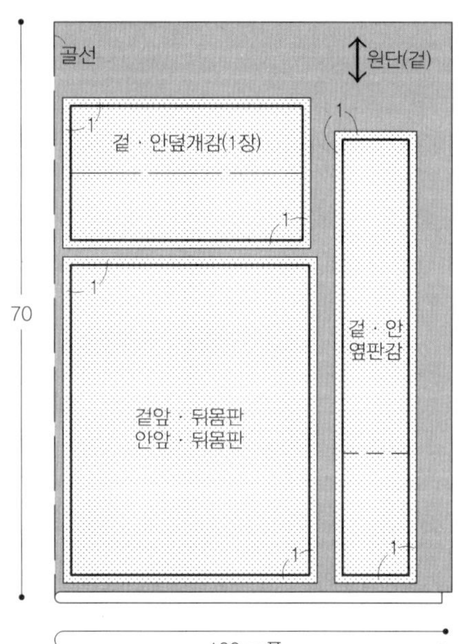

=접착심(소잉심지)을 겉감에만 붙인다.

- 만드는 방법 -

※봉합하기 전 지정된 위치에 맞춰 접착심(소잉심지)을 붙입니다.

1. 덮개감을 만든다

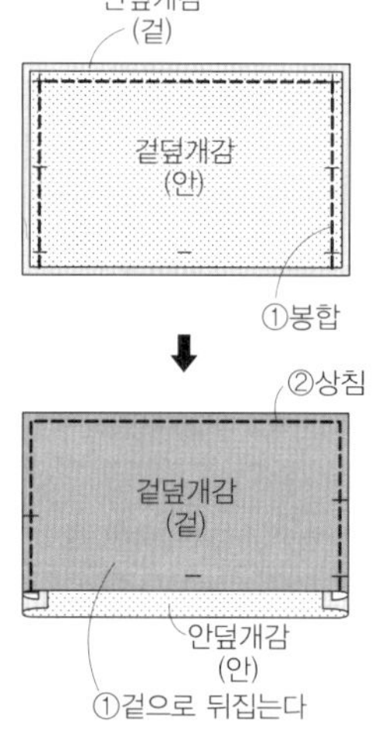

2. 겉뒷몸판에 지퍼를 단다

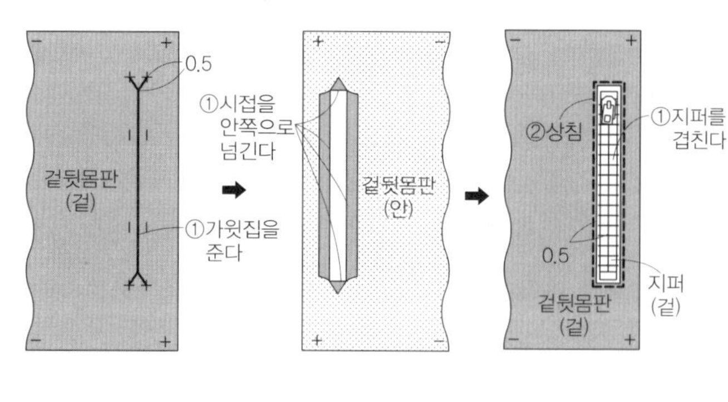

3. 옆판감을 만든다

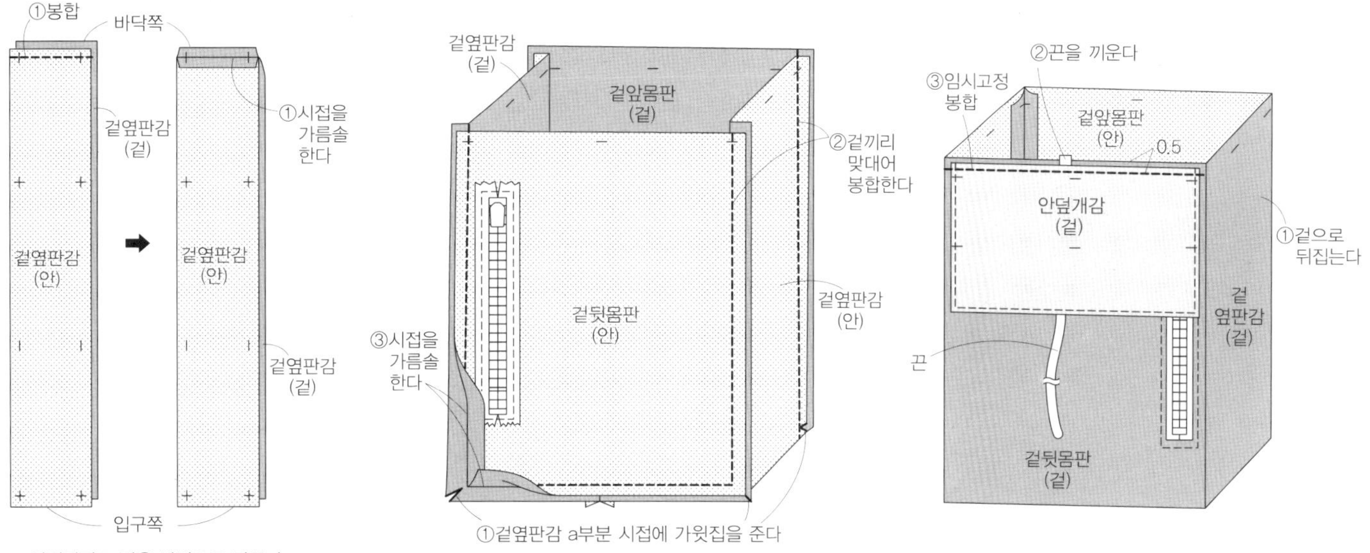

4. 겉몸판과 겉옆판감을 봉합한다

5. 겉몸판에 덮개감과 끈을 단다

6. 안뒷몸판에 가윗집을 준다

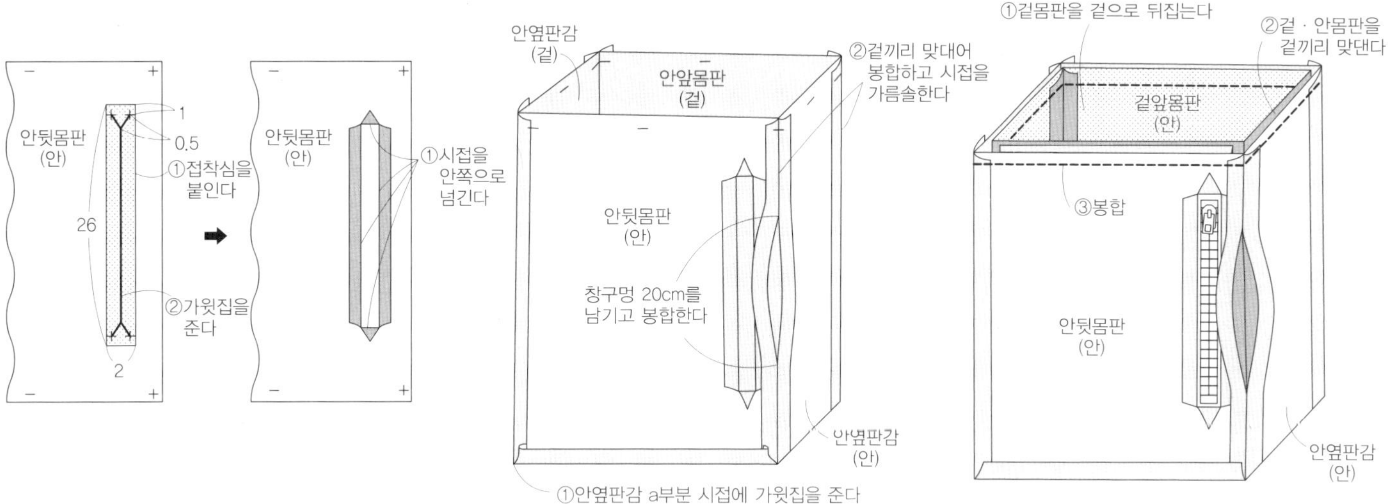

7. 안몸판과 안옆판감을 맞춰 봉합한다

8. 겉 · 안몸판을 봉합한다

9. 안몸판을 지퍼에 공그르기한다

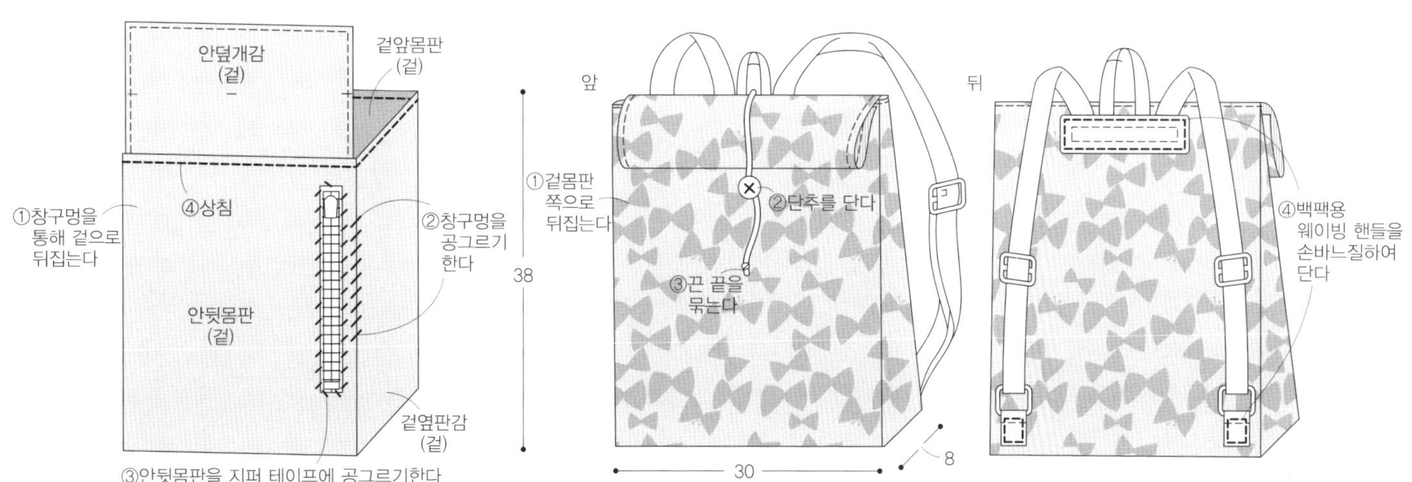

10. 완성

P.10 토트형 2way 백팩

9

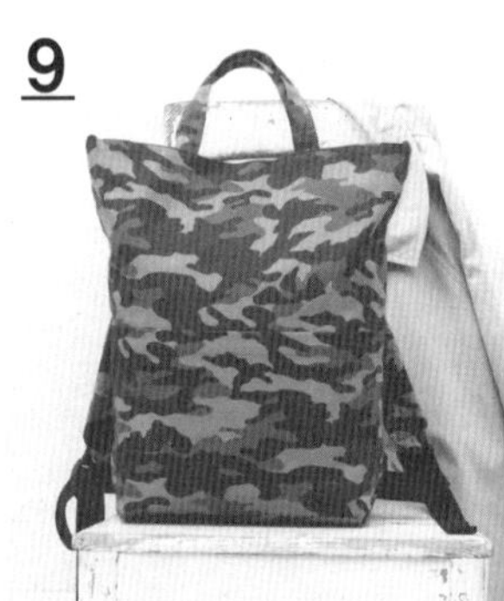

실물크기 패턴 B면

- 재료 -

- 겉감(코튼) ···· 110cm폭×110cm
- 안감(코튼) ···· 90cm폭×50cm
- 접착심(소잉심지) ···· 90cm폭×70cm
- 접착 퀼팅솜 ···· 30cm폭×50cm
- 면테이프 ···· 2cm폭×20cm
- 1.4cm폭 자석단추 ···· 1쌍
- 1.4cm폭 스냅단추 ···· 1쌍
- 3cm폭 플라스틱 길이조절 고리 ···· 2개
- 3cm폭 웨이빙 끈 ···· 130cm

- 패턴에 대해서 - ◆실물크기 패턴 B면 **9**를 사용합니다.

- 사용패턴 – 겉앞·뒤몸판, 안앞·뒤몸판, 안앞·뒤입구감, 앞주머니, 어깨끈감
- 입구 여밈감, 고리감, 길이조절 끈감, 손잡이감 패턴은 들어있지 않습니다. 기재된 치수로 직접 제도하여 사용합니다.
- 입구 여밈감, 고리감, 길이조절 끈감은 시접이 포함되어 있지 않은 치수입니다. □안의 시접을 참고하여 더해주세요.

- 패턴 · 제도 -

(회색 부분)은 실물크기 패턴 입니다.

- 겉감 재단배치도 - =접착심(소잉심지)을 붙인다. =접착 퀼팅솜을 붙인다.

- 안감 재단배치도 -

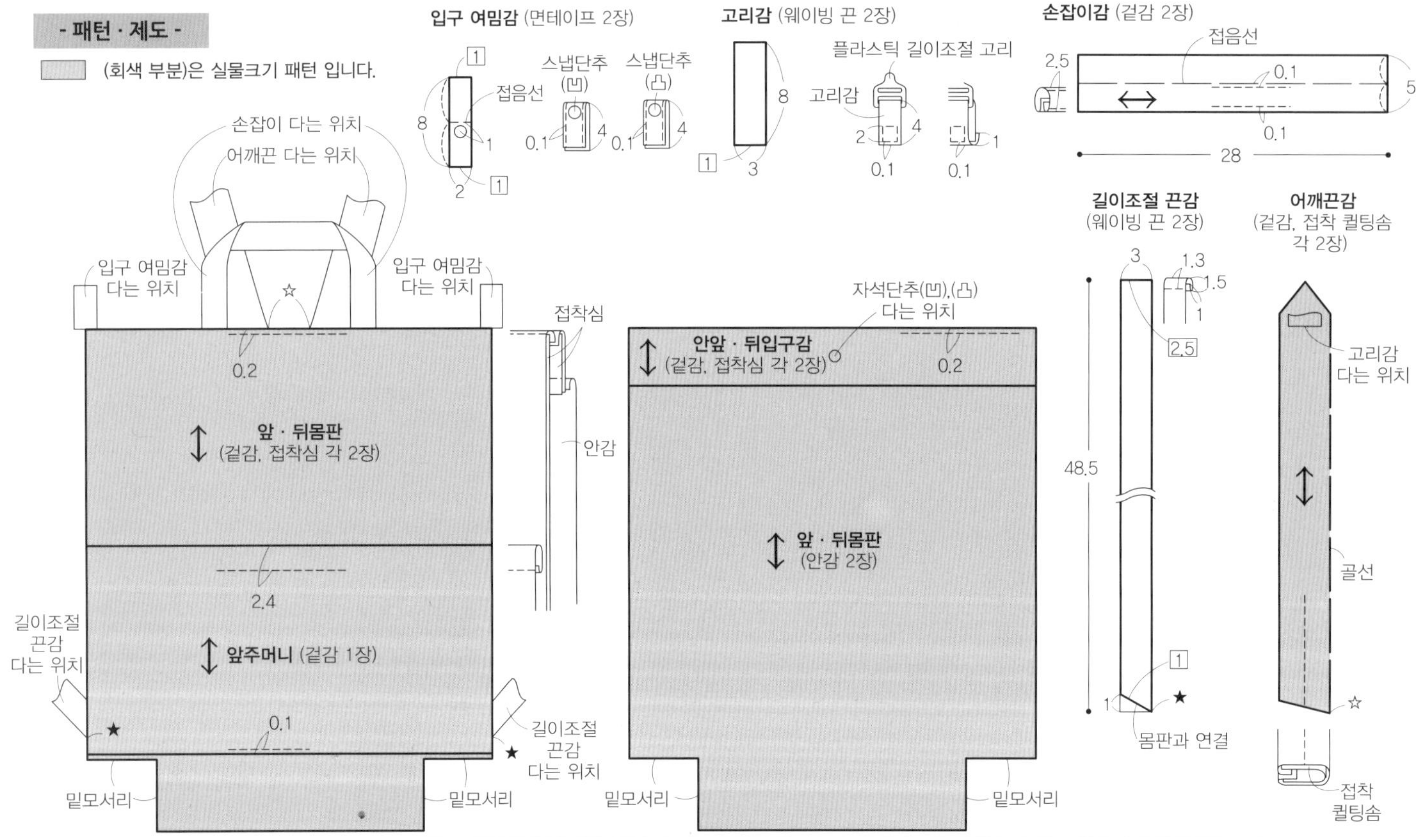

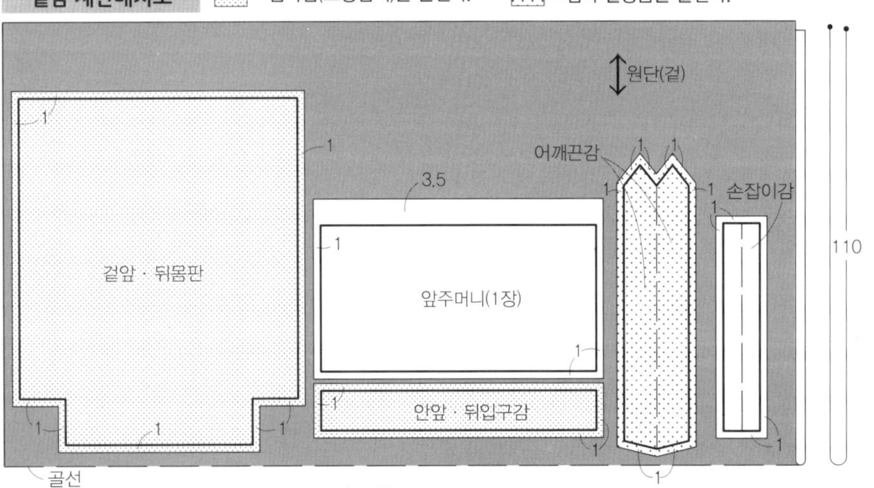

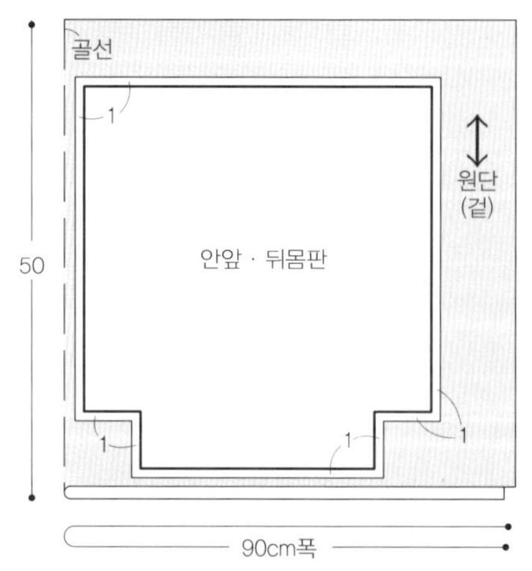

1. 어깨끈, 고리감, 길이조절 끈감을 만든다

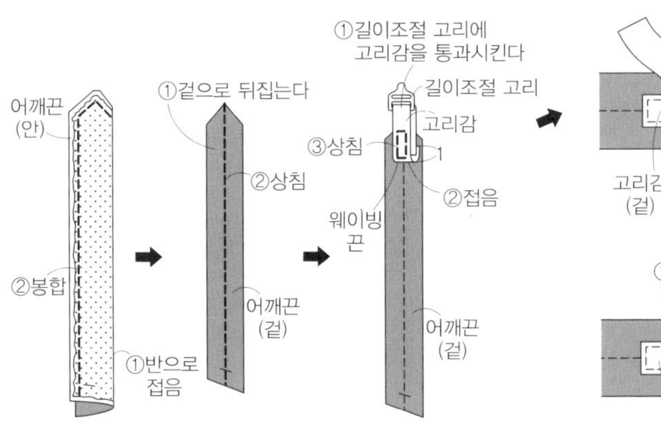

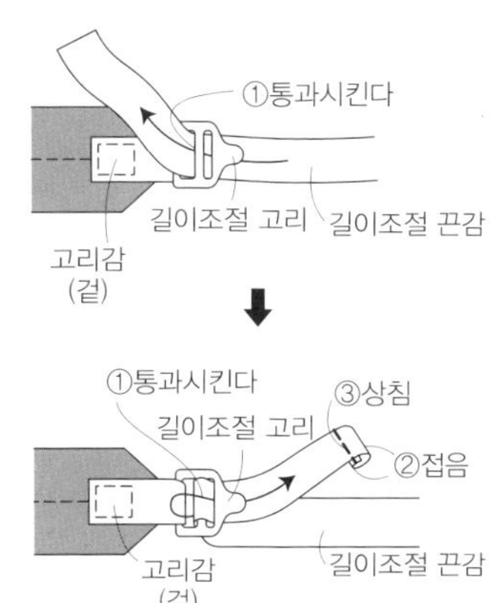

2. 겉뒷몸판에 어깨끈을 단다

3. 앞주머니를 만들어 몸판에 단다

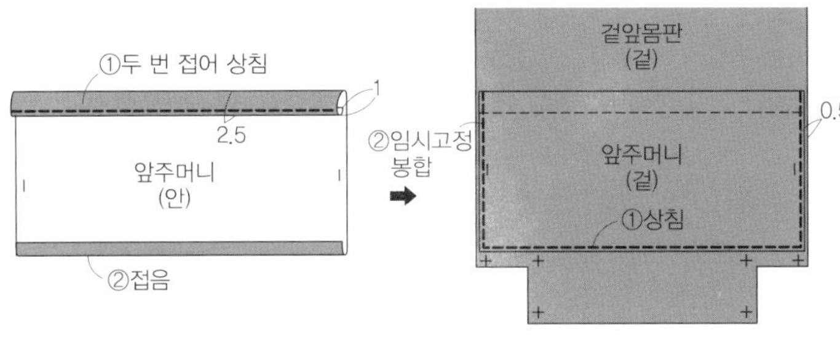

4. 손잡이를 만들어 몸판에 단다

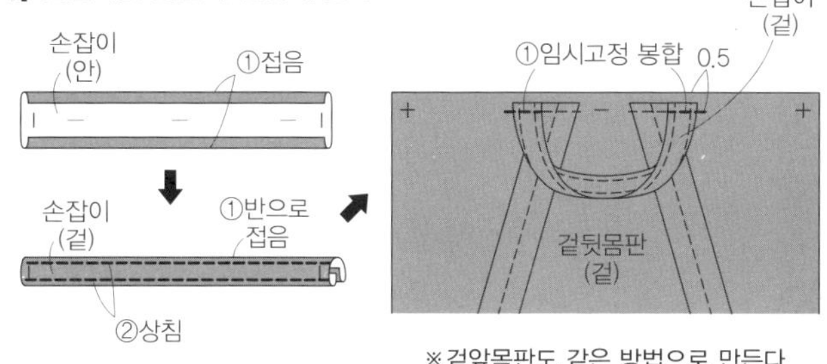

※겉앞몸판도 같은 방법으로 만든다

5. 안몸판에 안입구감과 자석단추를 단다

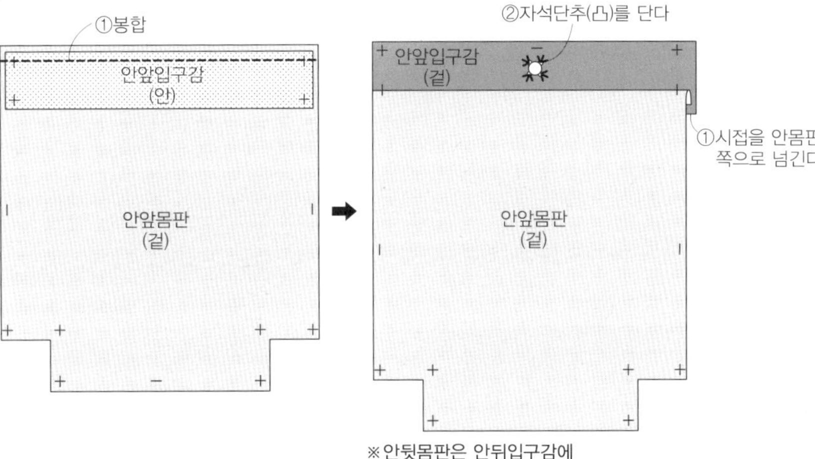

※안뒷몸판은 안뒤입구감에 자석단추(凹)을 달아 같은 방법으로 만든다

6. 안몸판을 봉합한다

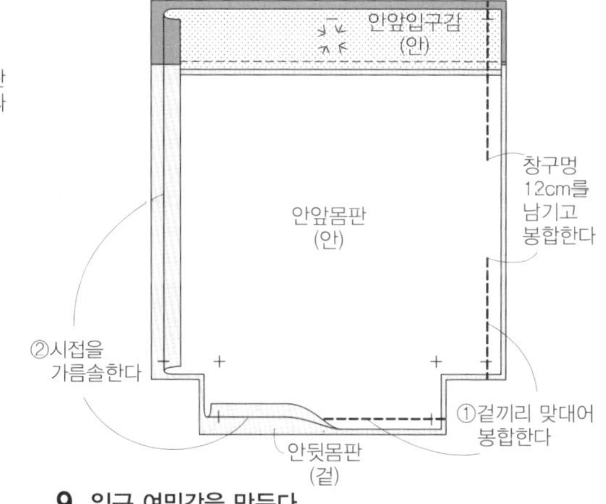

7. 겉몸판을 봉합한다

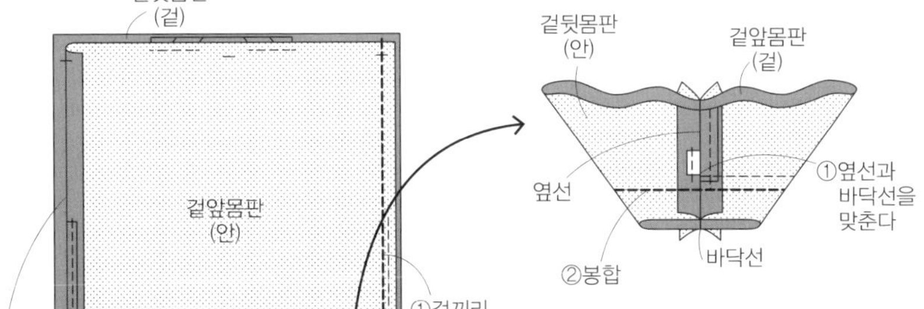

8. 바닥 모서리를 봉합한다

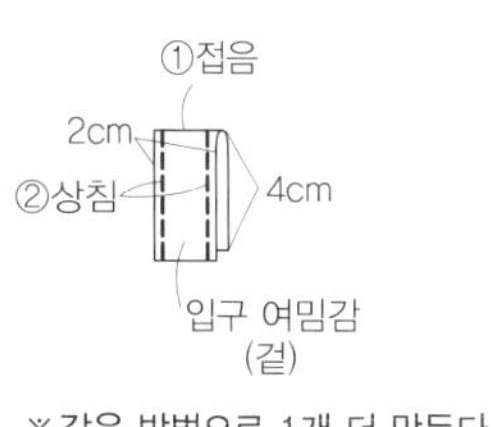

※안몸판도 같은 방법으로 만든다

9. 입구 여밈감을 만든다

※같은 방법으로 1개 더 만든다

10. 몸판에 입구 여밈감을 단다

11. 겉·안몸판을 봉합한다

12. 몸판의 입구를 상침한다

13. 완성

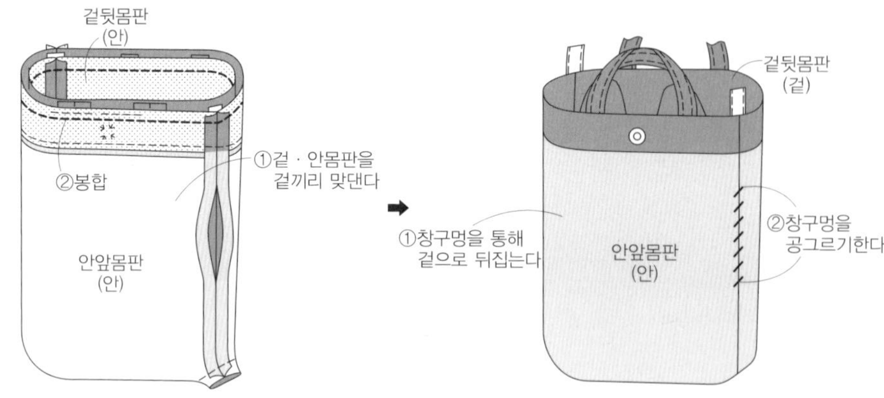

P.18 브리프형 백팩

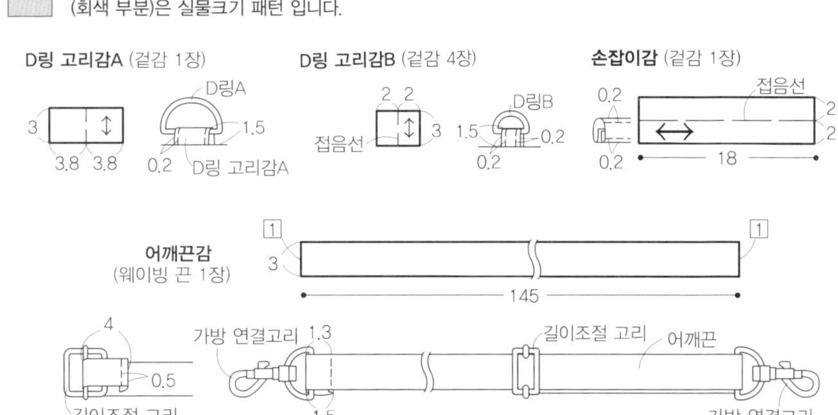

16

실물크기 패턴 B면

- 재료 -

- 겉감(8수 캔버스) ···· 110cm폭×70cm
- 안감(코튼) ···· 110cm폭×50cm
- 접착 퀼팅솜 ···· 100cm폭×70cm
- 3cm폭 웨이빙 끈 ···· 150cm
- 3.8cm폭 D링 A ···· 1개
- 3cm폭 D링 B ···· 4개
- 3cm폭 길이조절 고리 ···· 1개
- 3cm폭 가방 연결고리 ···· 2개
- 가방후크 ···· 4개
- 50cm폭×30.5cm 가방 바닥판 ···· 2장
- 양면 테이프 ···· 1개

- 패턴에 대해서 -   ◆실물크기 패턴 B면 16을 사용합니다.

- 사용패턴 – 겉앞·뒤몸판, 안앞·뒤몸판, 겉·안옆판감, 겉·안바닥감, 덮개감
- D링 고리감A·B, 손잡이감, 어깨끈감 패턴은 들어있지 않습니다. 기재된 치수로 직접 제도하여 사용합니다.
- 어깨끈감은 시접이 포함되어 있지 않은 치수입니다. □안의 시접을 참고하여 더해주세요.

- 패턴·제도 -

[회색 부분]은 실물크기 패턴 입니다.

D링 고리감A (겉감 1장)

D링 고리감B (겉감 4장)

손잡이감 (겉감 1장)

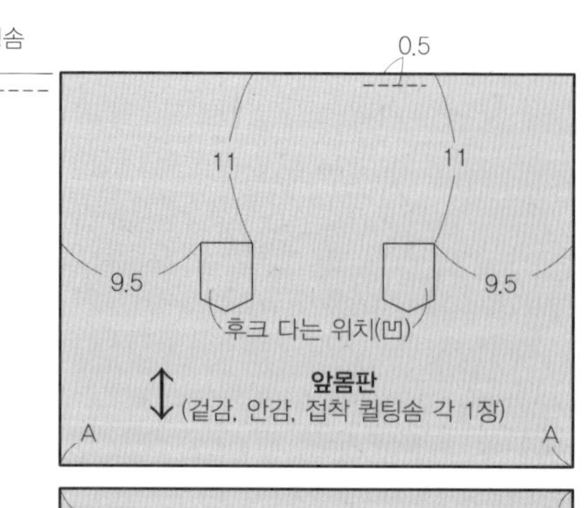

어깨끈감 (웨이빙 끈 1장)

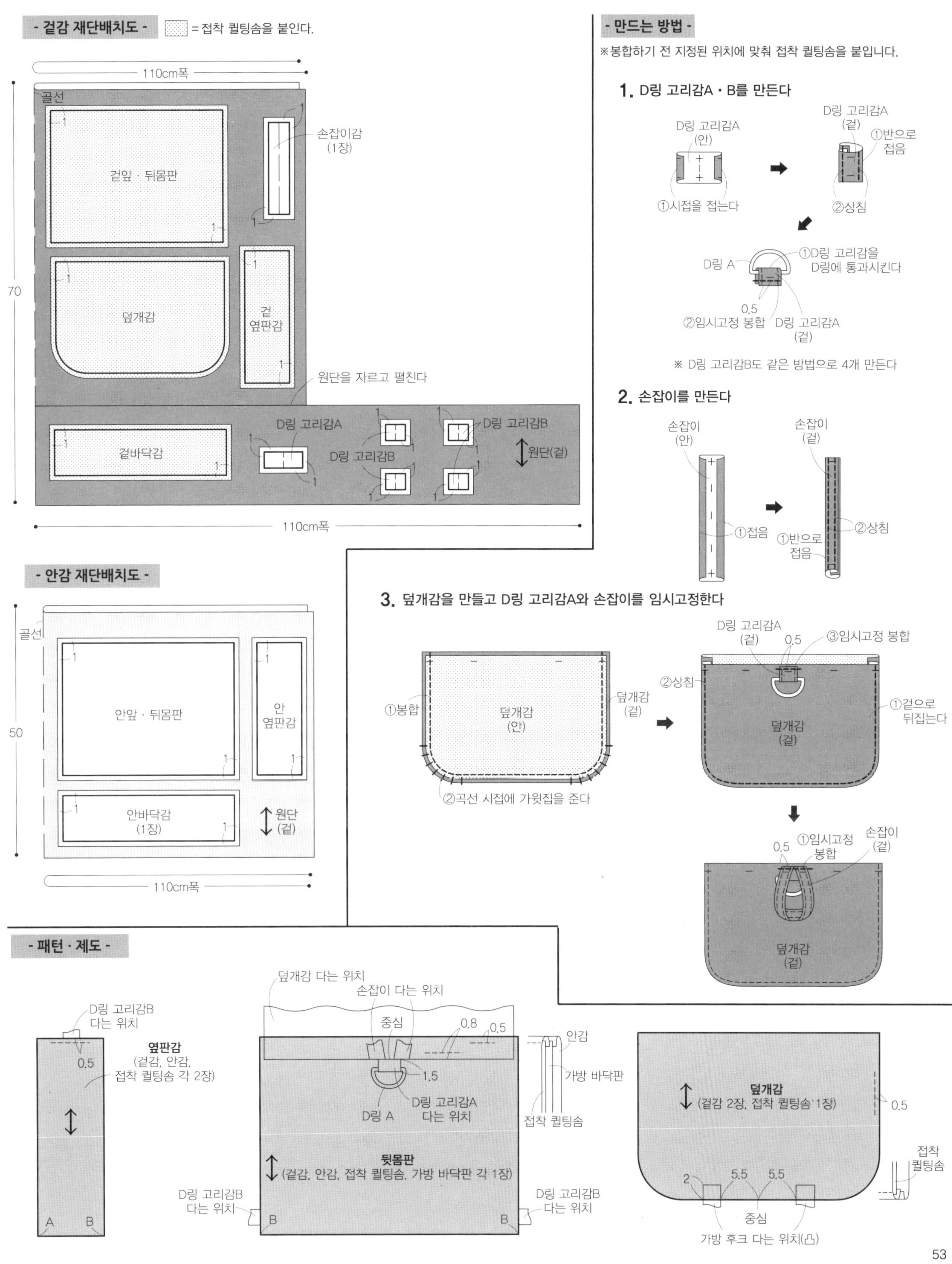
- 겉감 재단배치도 -
= 접착 퀼팅솜을 붙인다.
110cm폭
골선
겉앞 · 뒤몸판
손잡이감
(1장)
덮개감
겉
옆판감
70
겉바닥감
원단을 자르고 펼친다
D링 고리감A
D링 고리감B
D링 고리감B
원단(겉)
110cm폭

- 안감 재단배치도 -
골선
안앞 · 뒤몸판
안
옆판감
50
안바닥감
(1장)
원단
(겉)
110cm폭

- 패턴 · 제도 -
D링 고리감B
다는 위치
0.5
옆판감
(겉감, 안감,
접착 퀼팅솜 각 2장)
A B
D링 고리감B
다는 위치
B

덮개감 다는 위치
손잡이 다는 위치
중심
0.8 0.5
안감
1.5
D링 고리감A
다는 위치
D링 A
가방 바닥판
접착 퀼팅솜
뒷몸판
(겉감, 안감, 접착 퀼팅솜, 가방 바닥판 각 1장)
D링 고리감B
다는 위치
B

덮개감
(겉감 2장, 접착 퀼팅솜 1장)
0.5
2 5.5 5.5
중심
가방 후크 다는 위치(凸)
접착
퀼팅솜

- 만드는 방법 -
※봉합하기 전 지정된 위치에 맞춰 접착 퀼팅솜을 붙입니다.

1. D링 고리감A · B를 만든다
D링 고리감A
(안)
D링 고리감A
(겉)
①반으로
접음
①시접을 접는다
②상침
D링 A
①D링 고리감을
D링에 통과시킨다
0.5
②임시고정 봉합
D링 고리감A
(겉)
※ D링 고리감B도 같은 방법으로 4개 만든다

2. 손잡이를 만든다
손잡이
(안)
손잡이
(겉)
②상침
①접음
①반으로
접음
①반으로
접음

3. 덮개감을 만들고 D링 고리감A와 손잡이를 임시고정한다
①봉합
덮개감
(안)
덮개감
(겉)
②곡선 시접에 가윗집을 준다
D링 고리감A
(겉)
0.5
③임시고정 봉합
②상침
덮개감
(겉)
①겉으로
뒤집는다
0.5
①임시고정
봉합
손잡이
(겉)
덮개감
(겉)

4. 겉뒷몸판에 D링 고리감B를 단다

5. 겉몸판과 겉옆판감, 겉바닥감을 봉합한다

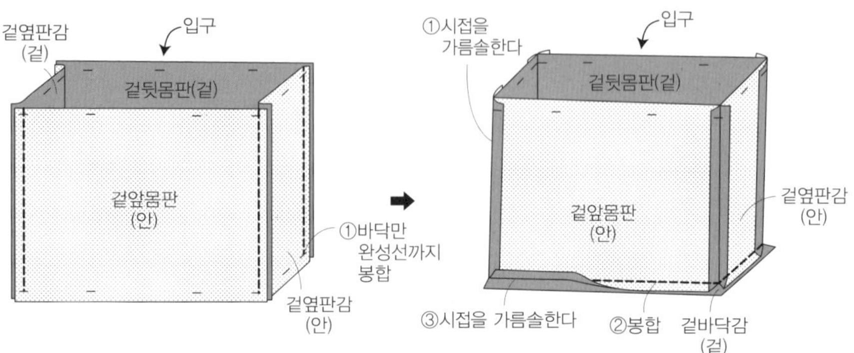

7. 안몸판과 안옆판감, 안바닥감을 봉합한다

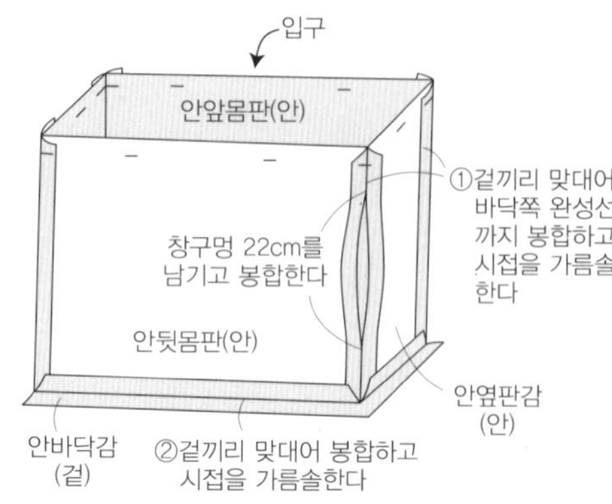

6. 겉몸판에 덮개감과 D링 고리감B를 단다

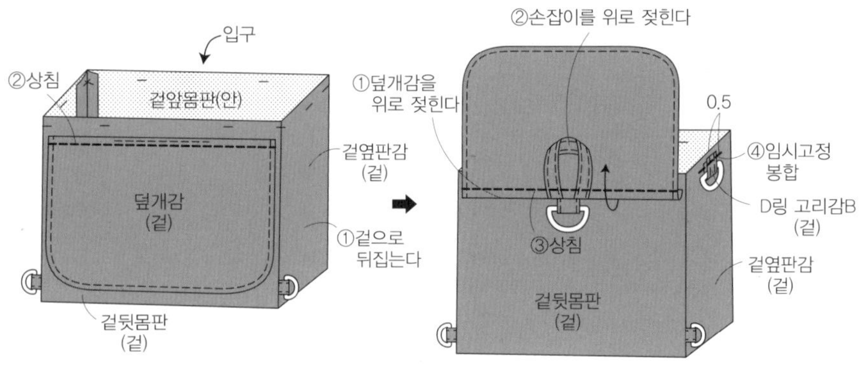

8. 겉 · 안몸판을 봉합한다

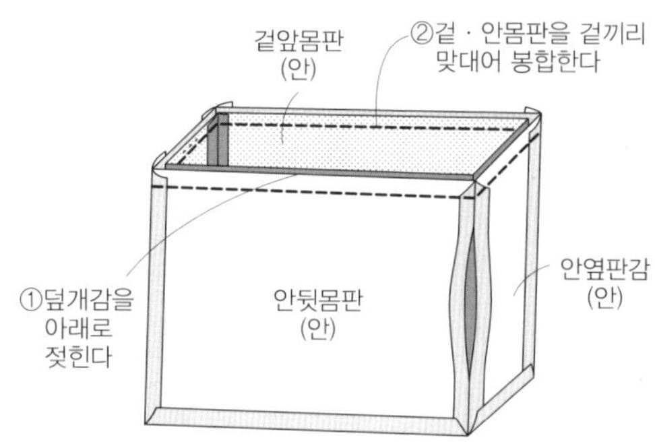

9. 몸판을 겉으로 뒤집고 가방 바닥판1,2를 넣는다

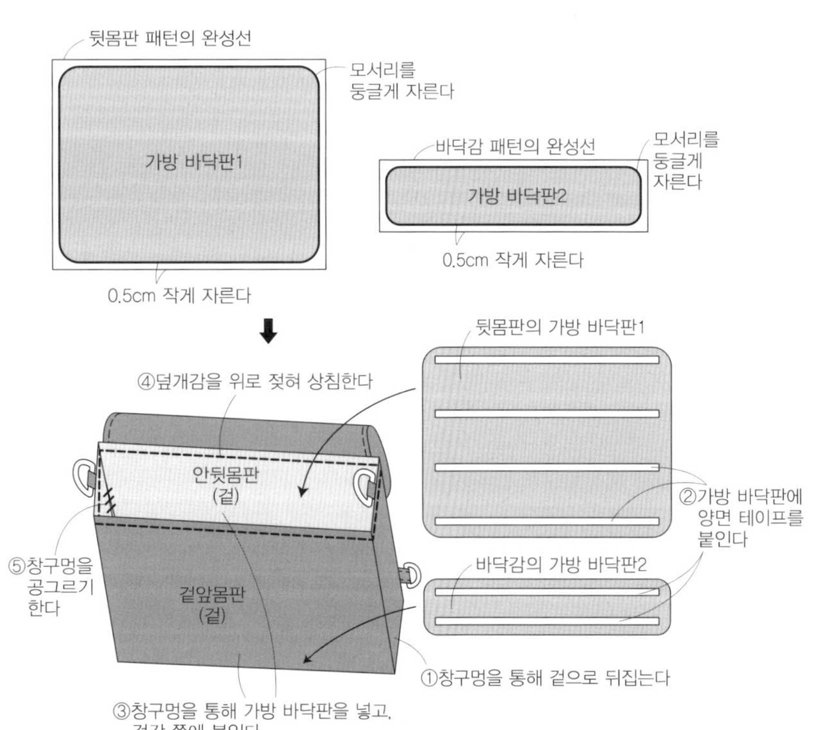

10. 완성

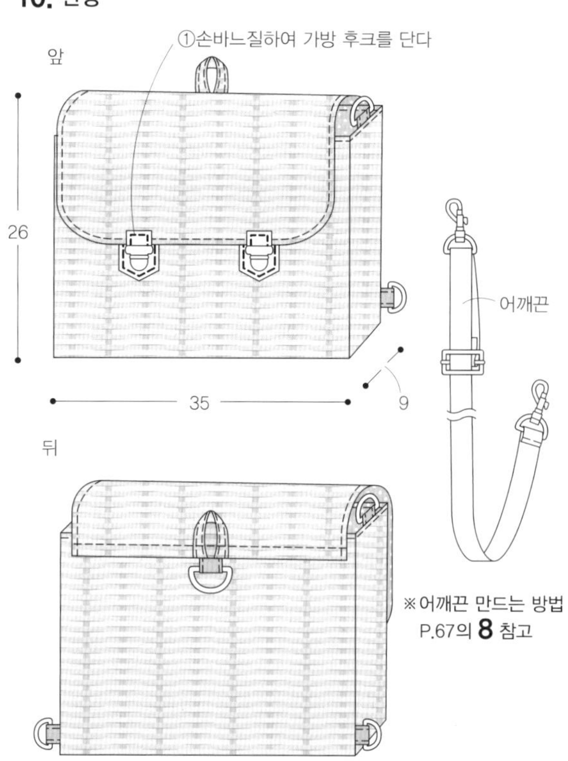

P.13 사이드 포켓 백팩

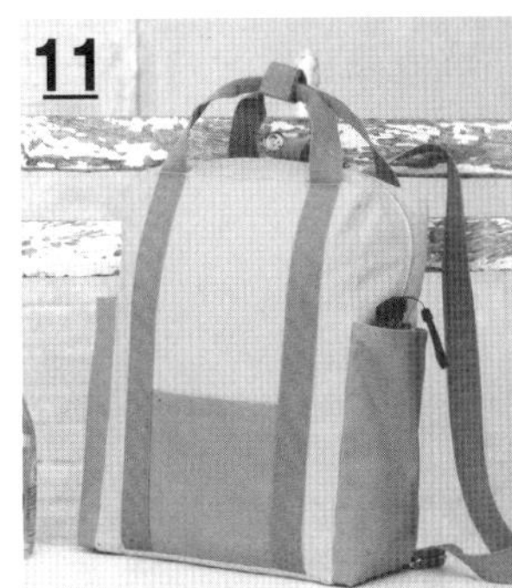

11

실물크기 패턴 A면

- 패턴에 대해서 - ◆실물크기 패턴 A면 1·2를 사용합니다.

· 사용패턴 – 겉앞·뒤몸판, 안앞·뒤몸판, 겉·안바닥감, 겉·안옆판감, 겉·안지퍼 날개감, 옆주머니, 앞주머니
· 어깨끈감, D링 고리감, 손잡이감, 손잡이 고정감, 장식감 패턴은 들어있지 않습니다. 기재된 치수로 직접 제도하여 사용합니다.
· 어깨끈감, D링 고리감, 손잡이감, 손잡이 고정감, 장식감은 시접이 포함되어 있지 않은 치수입니다. □안의 시접을 참고하여 더해주세요.

- 패턴·제도 -   (회색 부분)은 실물크기 패턴 입니다.

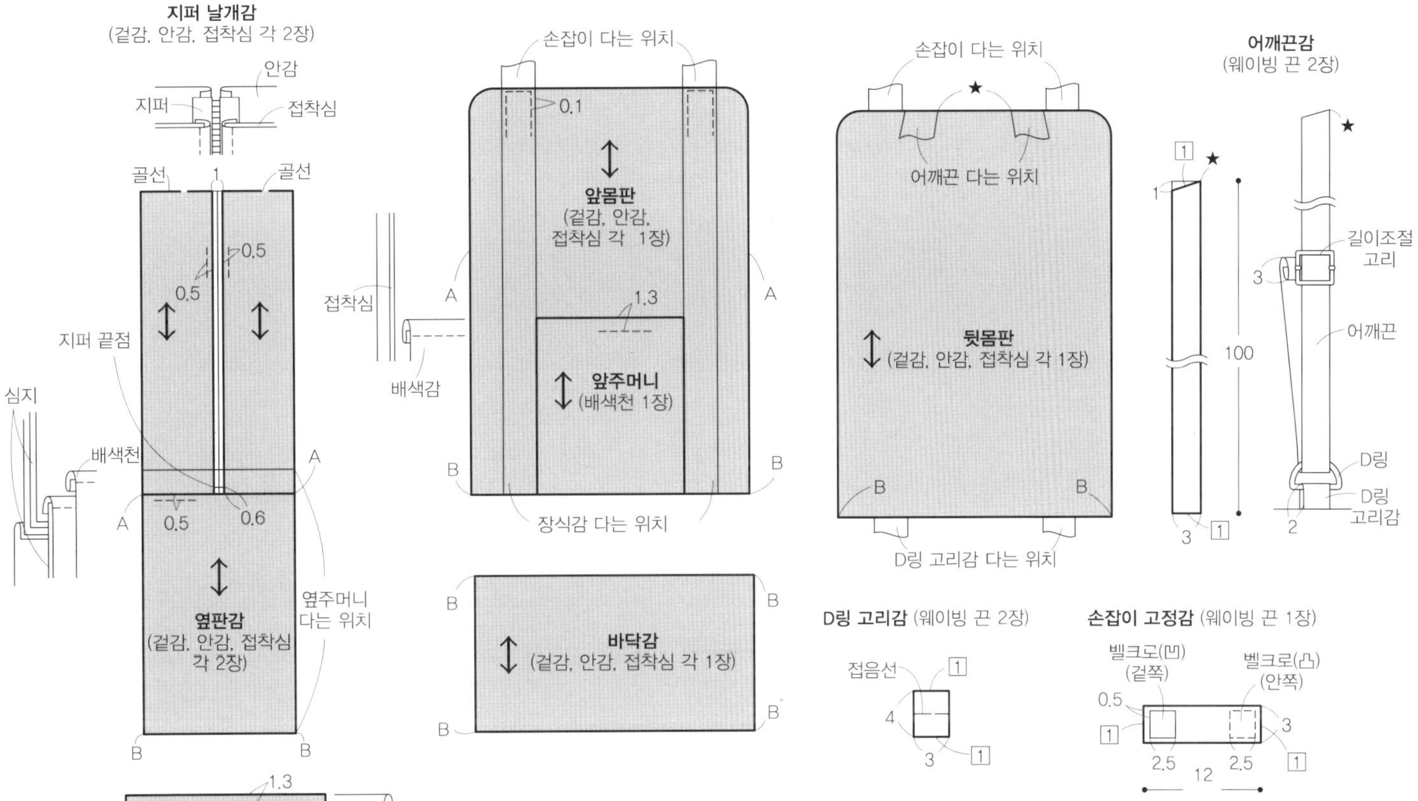

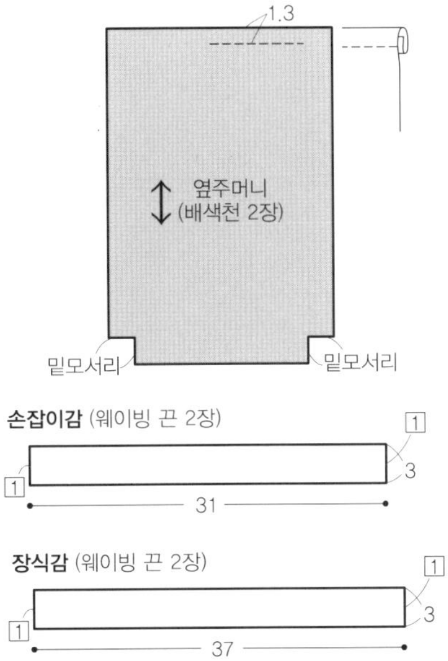

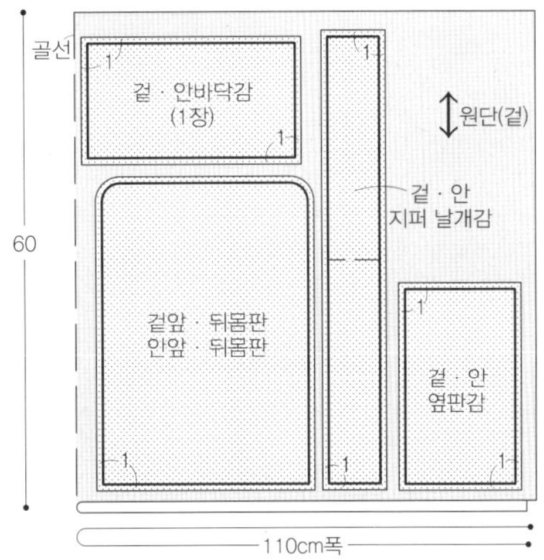

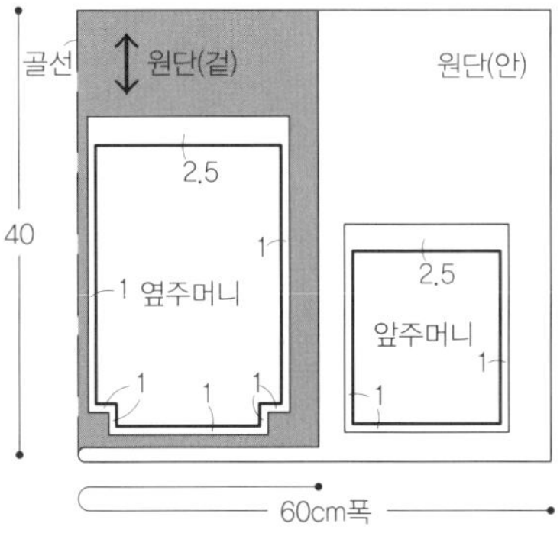

1. 주머니를 만든다

3. 어깨끈을 만든다

4. 겉뒷몸판에 어깨끈을 단다

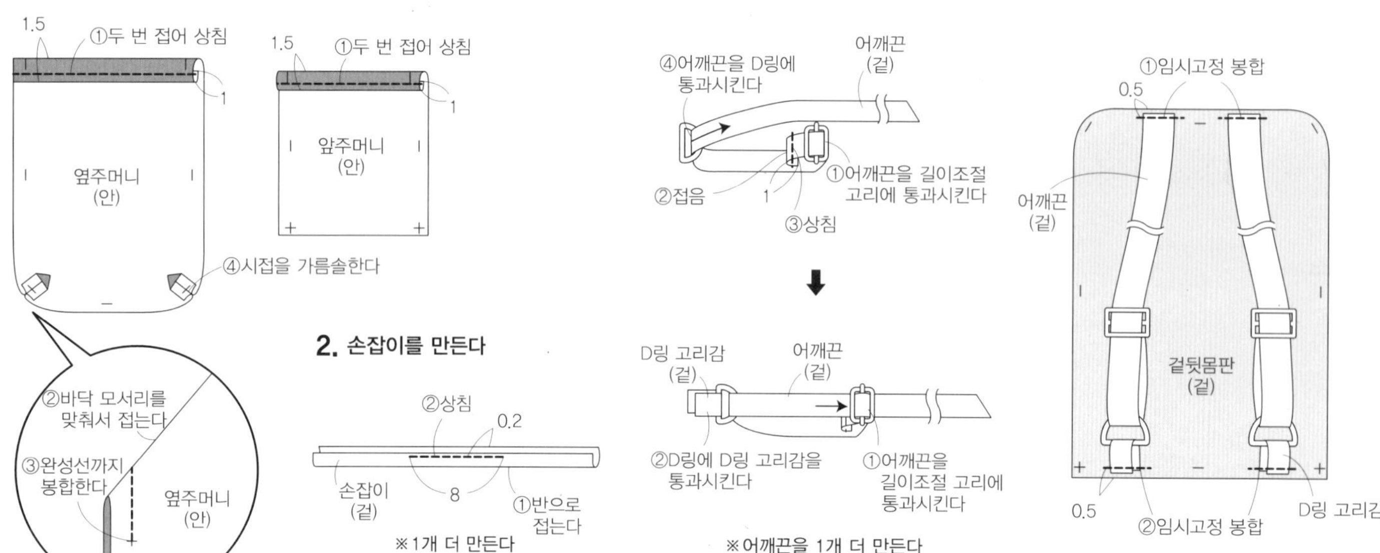

2. 손잡이를 만든다

5. 겉뒷몸판에 손잡이를 단다

6. 겉앞몸판에 앞주머니를 임시고정한다

7. 겉앞몸판에 장식감과 손잡이를 단다

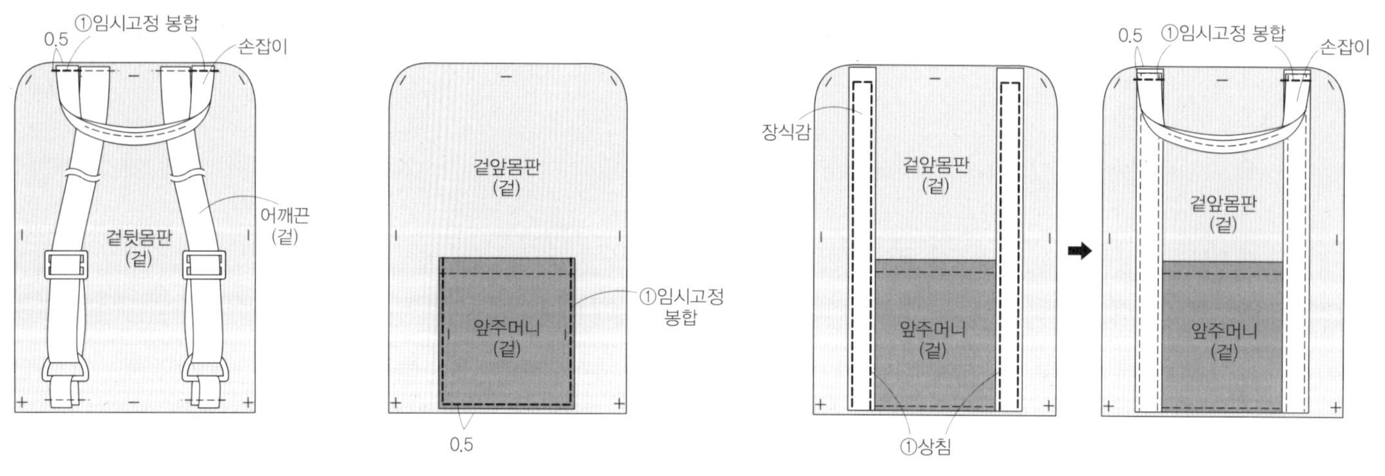

8. 지퍼 날개감에 지퍼를 단다

9. 겉지퍼 날개감에 겉옆판감을 단다

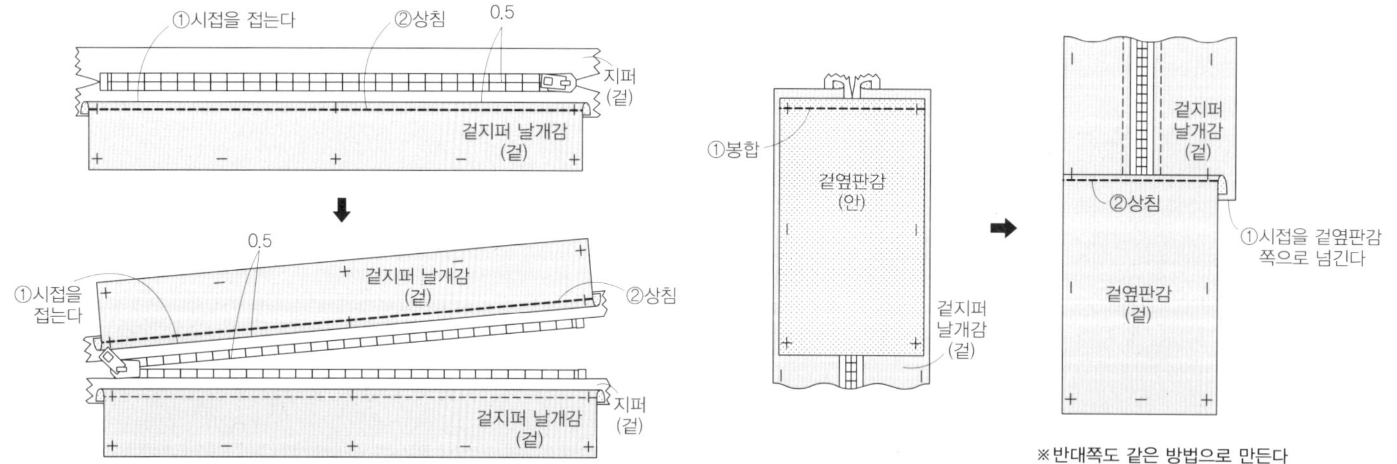

10. 겉옆판감에 옆주머니를 임시고정한다

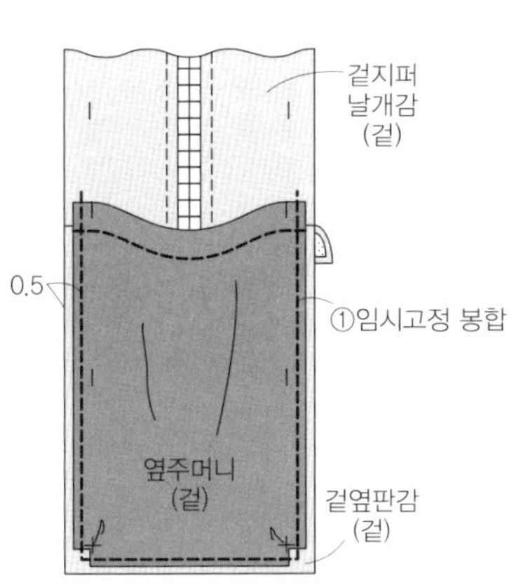

※ 반대쪽도 같은 방법으로 만든다

11. 겉옆판감에 겉바닥감을 단다

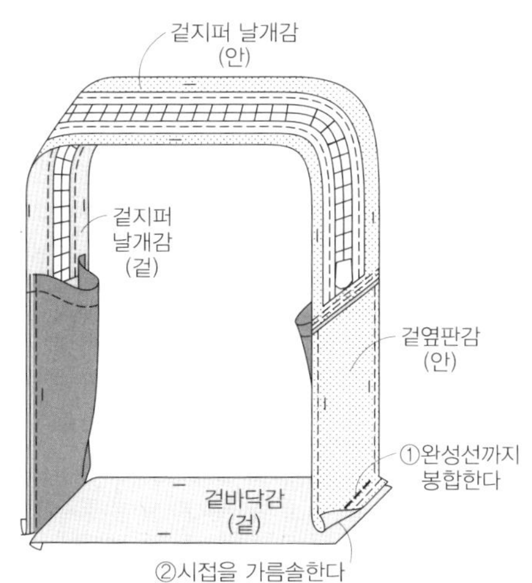

12. 겉몸판과 겉둘레감을 봉합한다

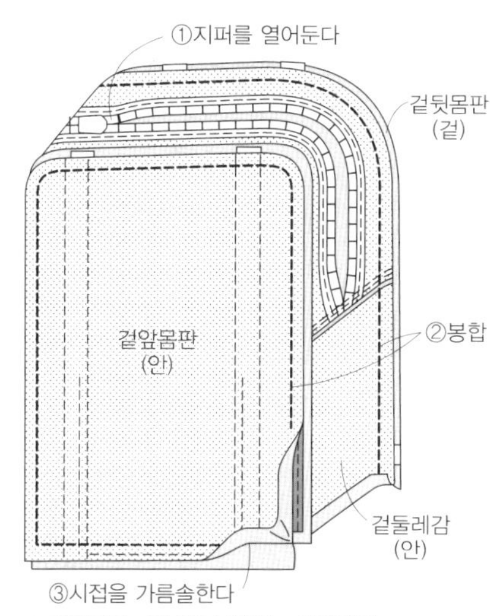

※ 겉둘레감 = 겉지퍼 날개감 + 겉옆판감

13. 안지퍼 날개감에 안옆판감을 단다

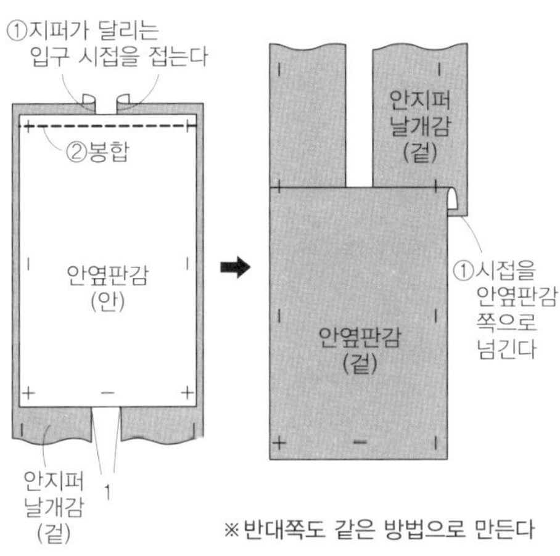

※ 반대쪽도 같은 방법으로 만든다

14. 안옆판감에 안바닥감을 단다

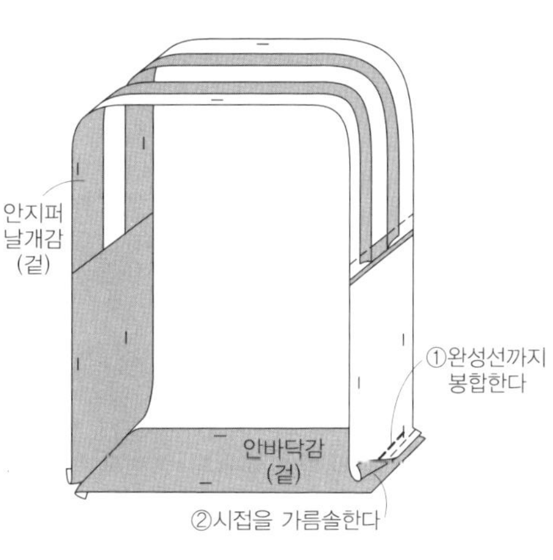

15. 안몸판과 안둘레감을 봉합한다

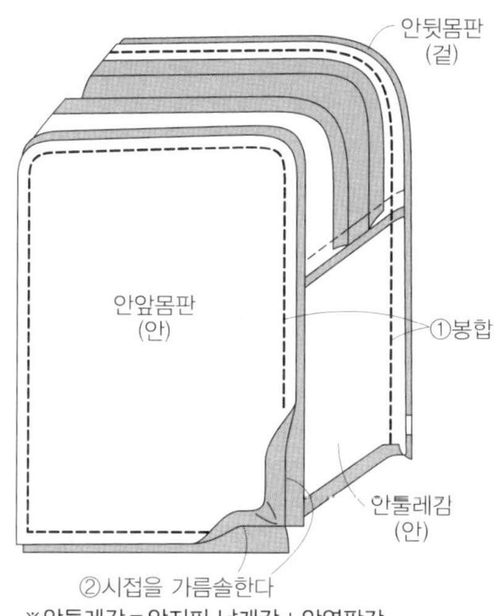

※ 안둘레감 = 안지퍼 날개감 + 안옆판감

16. 겉 · 안몸판을 봉합한다

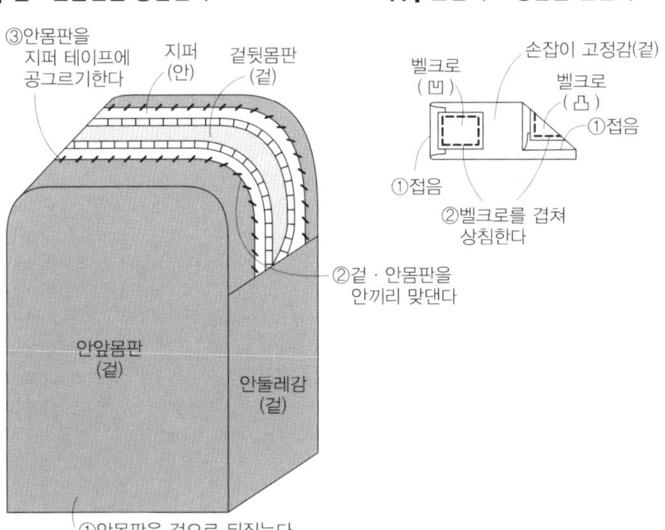

17. 손잡이 고정감을 만든다

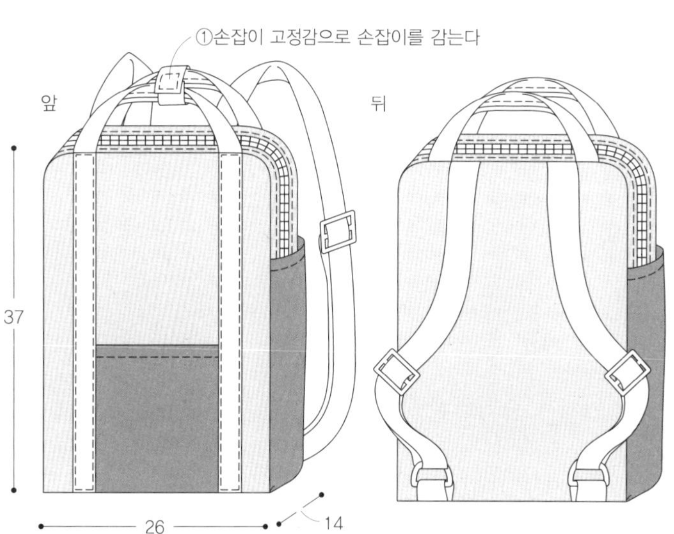

18. 완성

P.16 스트링 백팩

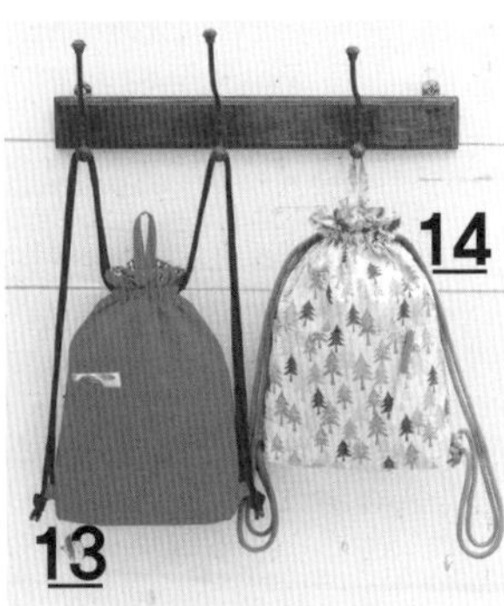

실물크기 패턴 B면

- 패턴에 대해서 - ◆실물크기 패턴 B면 **13 · 14**를 사용합니다.

· 사용패턴 – 겉앞 · 뒤몸판, 안앞 · 뒤몸판, 앞주머니
· 손잡이감, 끈 고리감 패턴은 들어있지 않습니다.
  기재된 치수로 직접 제도하여 사용합니다.

- 패턴 · 제도 -

(회색 부분)은 실물크기 패턴 입니다.

손잡이감 (겉감 1장)

끈 고리감 (겉감 2장)

· 둥근 끈 통과시키는 방법

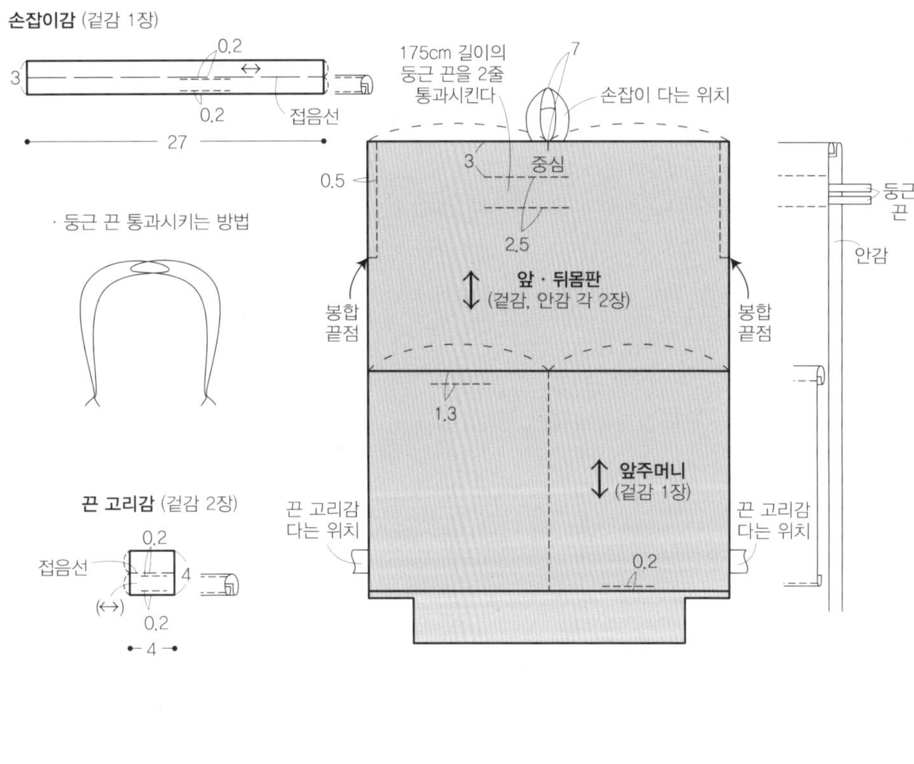

- 겉감 재단배치도 -

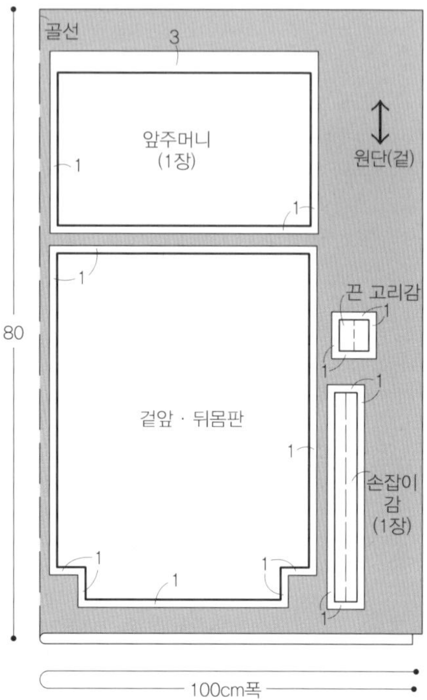

- 안감 재단배치도 -

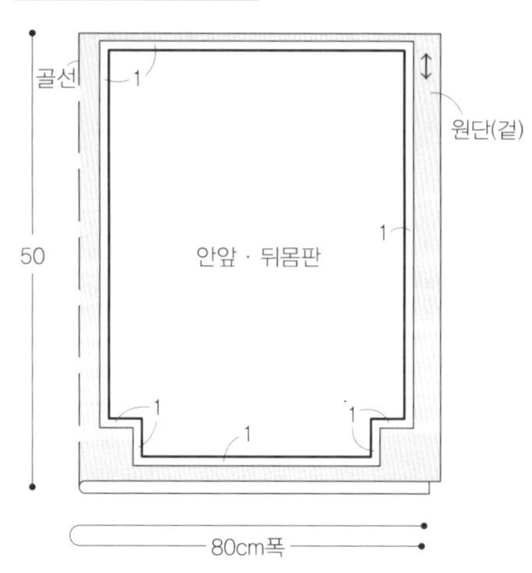

- 만드는 방법 -

1. 손잡이를 만든다

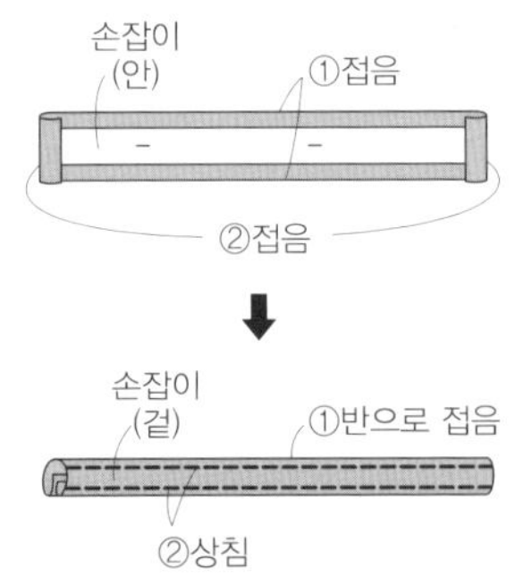

2. 끈 고리감을 만든다

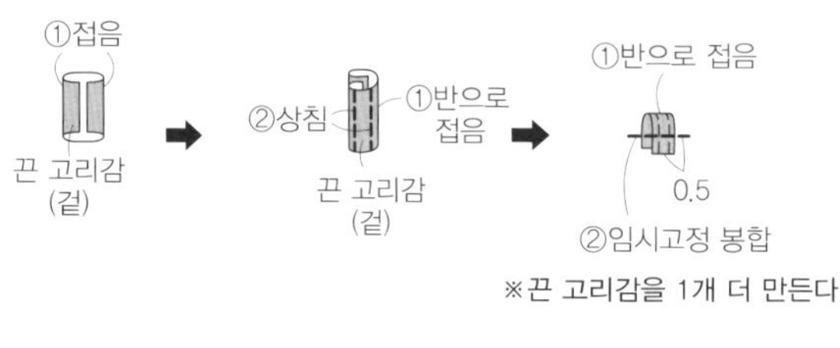

3. 주머니를 만든다

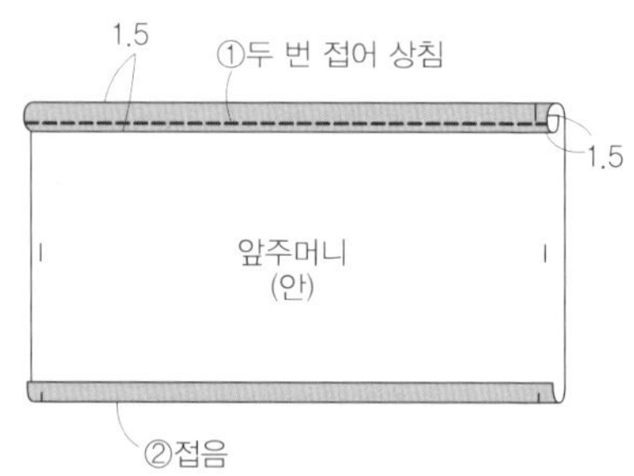

4. 몸판에 앞주머니와 끈 고리감을 단다

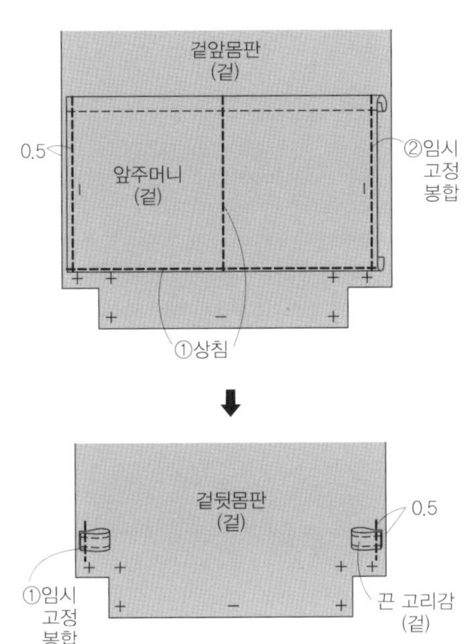

5. 겉 · 안몸판을 만든다

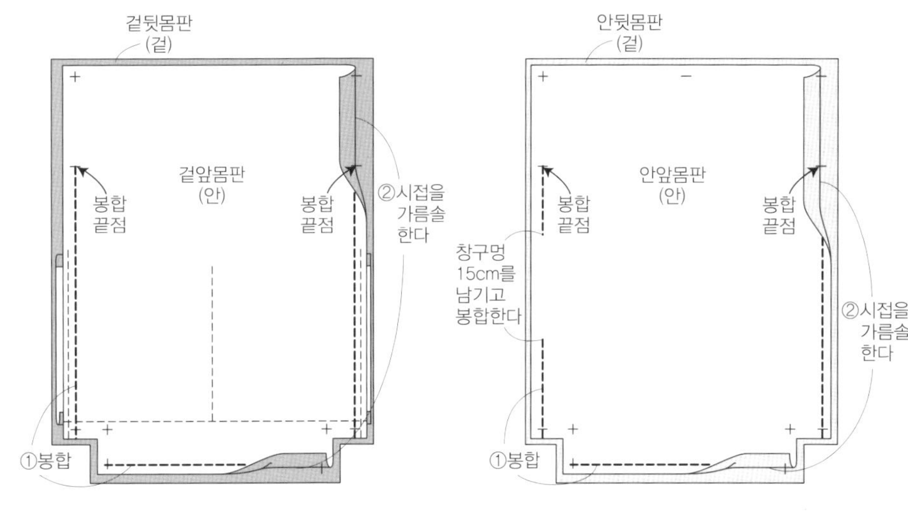

6. 바닥 모서리를 봉합한다

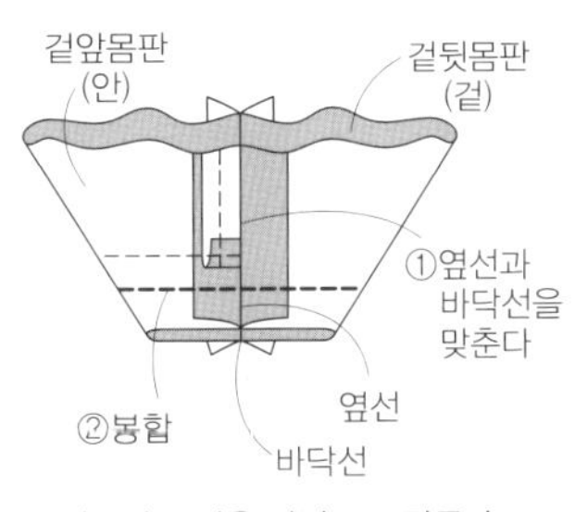

※ 안몸판도 같은 방법으로 만든다

7. 몸판의 트임을 상침한다

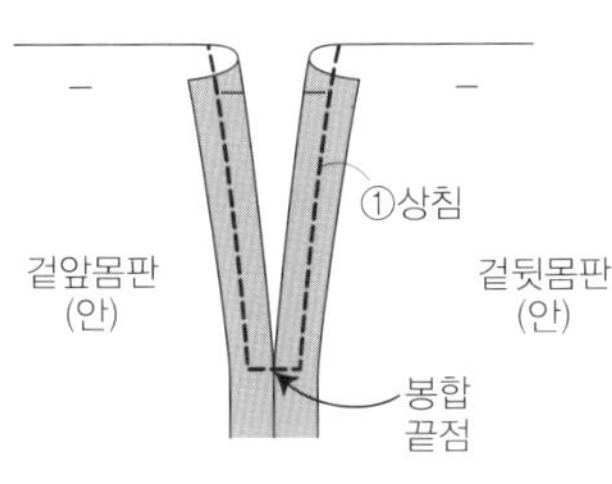

※ 반대쪽과 안몸판도 같은 방법으로 만든다

8. 겉 · 안몸판을 봉합한다

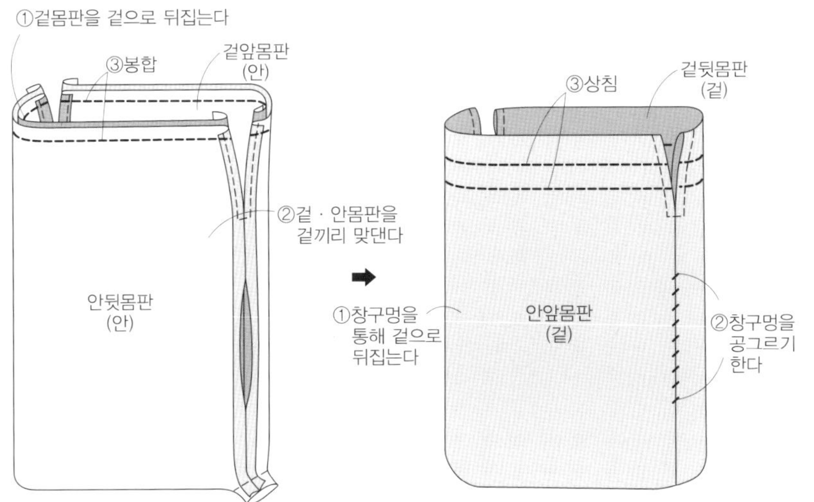

9. 몸판에 손잡이를 단다

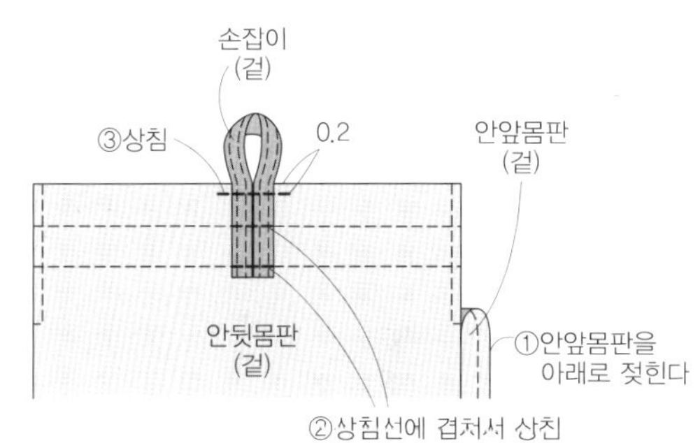

10. 완성

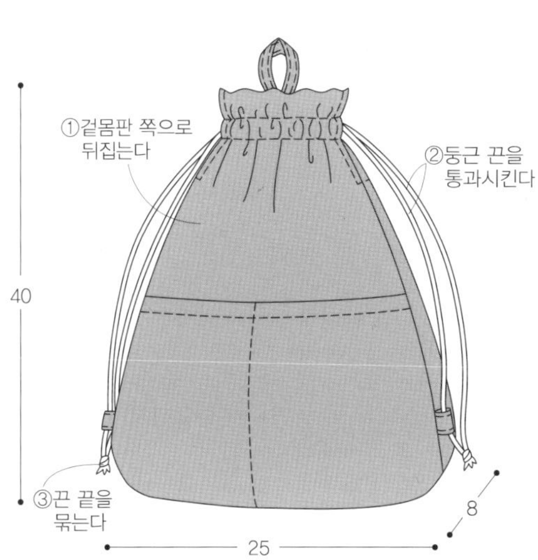

P.17 프레임 백팩

15

실물크기 패턴 B면

- 패턴 · 제도 -

(회색 부분)은 실물크기 패턴 입니다.

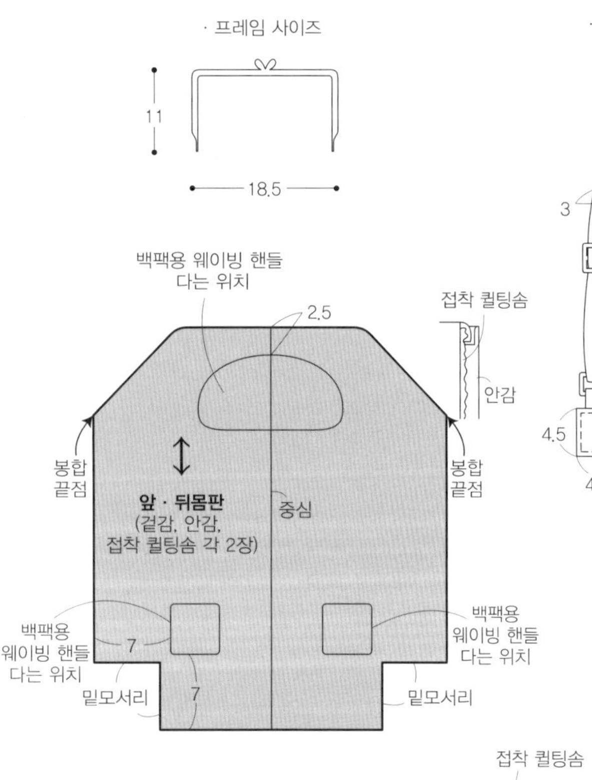

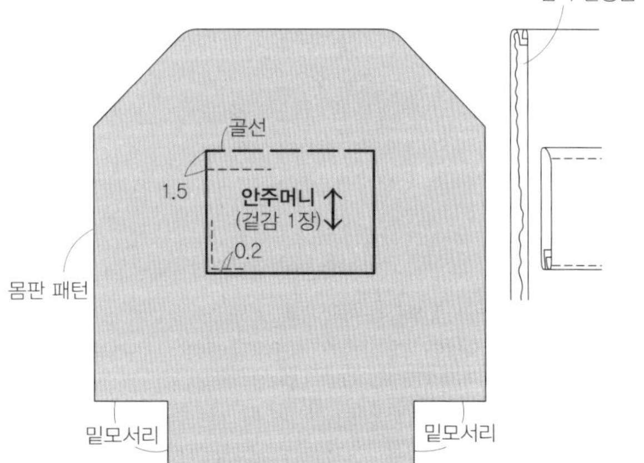

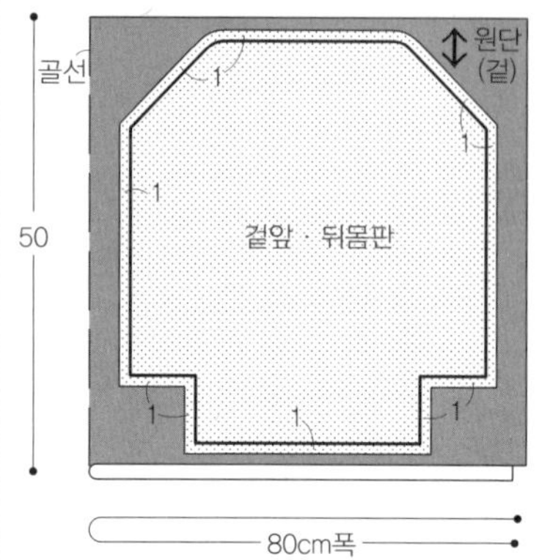

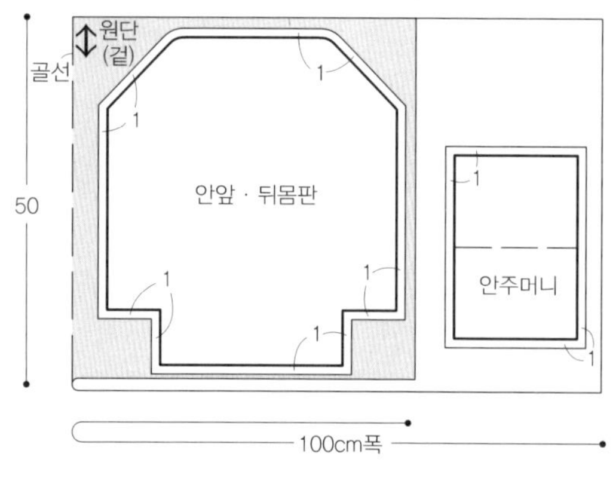

- 만드는 방법 -

※봉합하기 전 지정된 위치에 맞춰 접착 퀼팅솜을 붙입니다.

1. 안주머니를 만들어 안뒷몸판에 단다

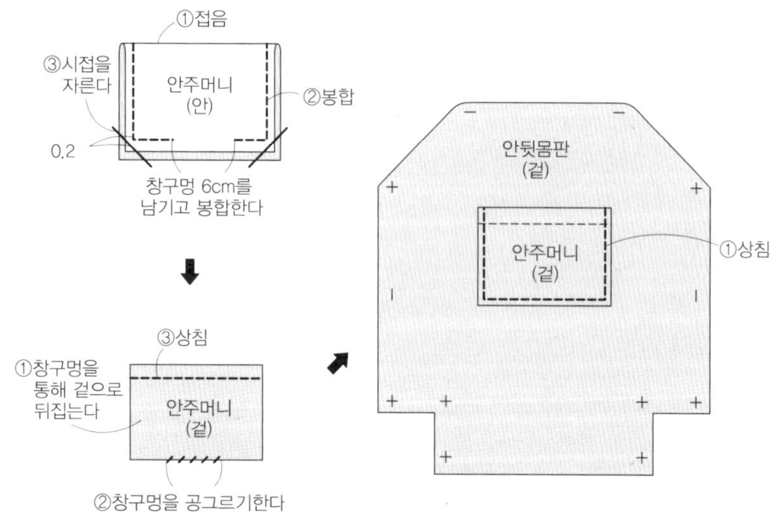

2. 몸판을 만든다

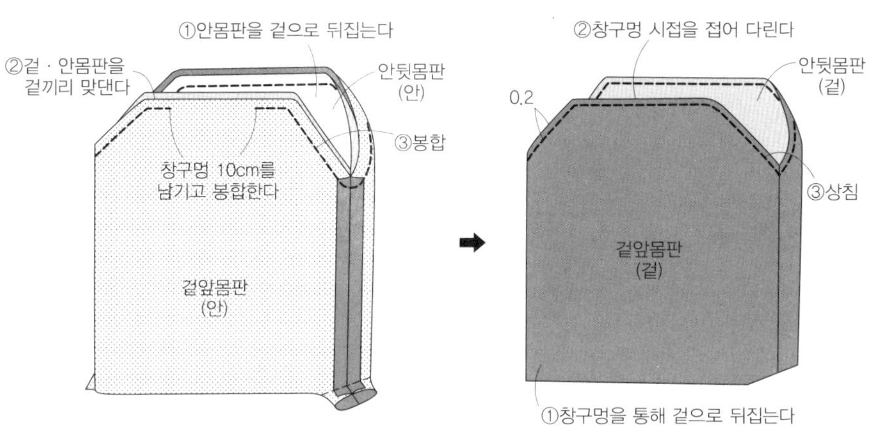

3. 바닥 모서리를 봉합한다

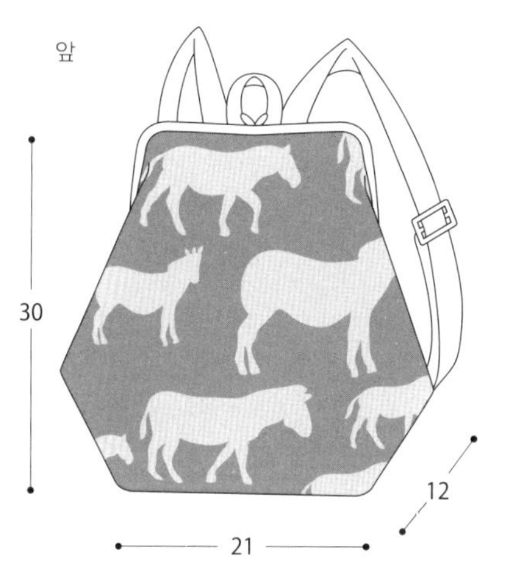

4. 겉 · 안몸판을 봉합한다

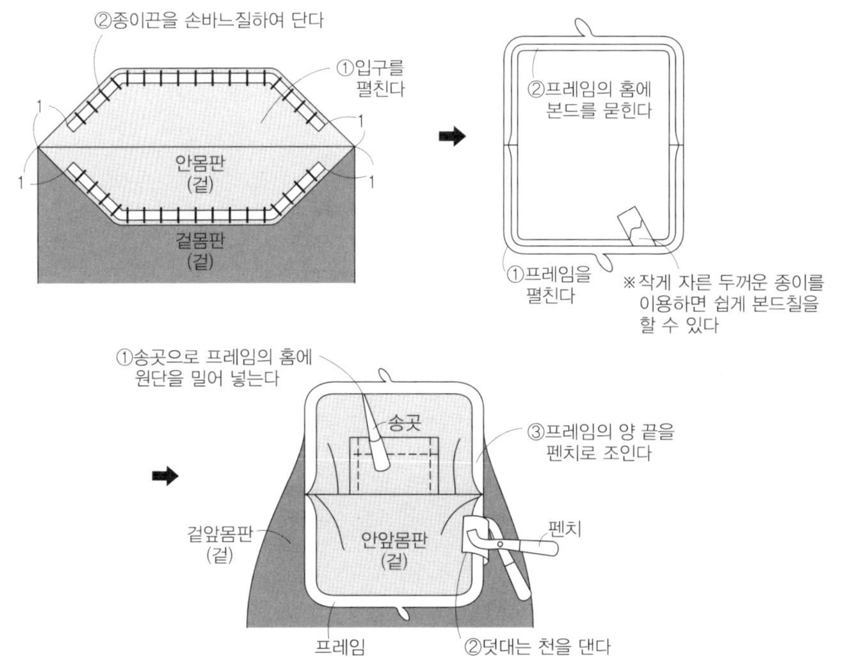

5. 몸판에 프레임을 단다

6. 완성

12

실물크기 패턴 B면

- 재료 -

· 겉감(코튼리넨 라플레르) ···· 110cm폭×100cm
· 안감(코튼) ···· 80cm폭×100cm
· 접착심(소잉심지) ···· 90cm폭×100cm
· 43cm길이 지퍼A ···· 1개
· 79cm길이 지퍼B ···· 1개
· 3cm폭 D링 ···· 2개
· 3cm폭 가방 연결고리 ···· 2개

- 패턴에 대해서 - ◆실물크기 패턴 B면 12를 사용합니다.

·사용패턴 — 겉앞·뒤몸판, 안앞·뒤몸판, 겉·안지퍼 날개감, 겉·안옆판감, 어깨끈감, 덧댐감A·B
·D링 고리감A·B, 가방 연결고리감A·B 패턴은 들어있지 않습니다. 기재된 치수로 직접 제도하여 사용합니다.

- 패턴 · 제도 -

(회색 부분)은 실물크기 패턴 입니다.

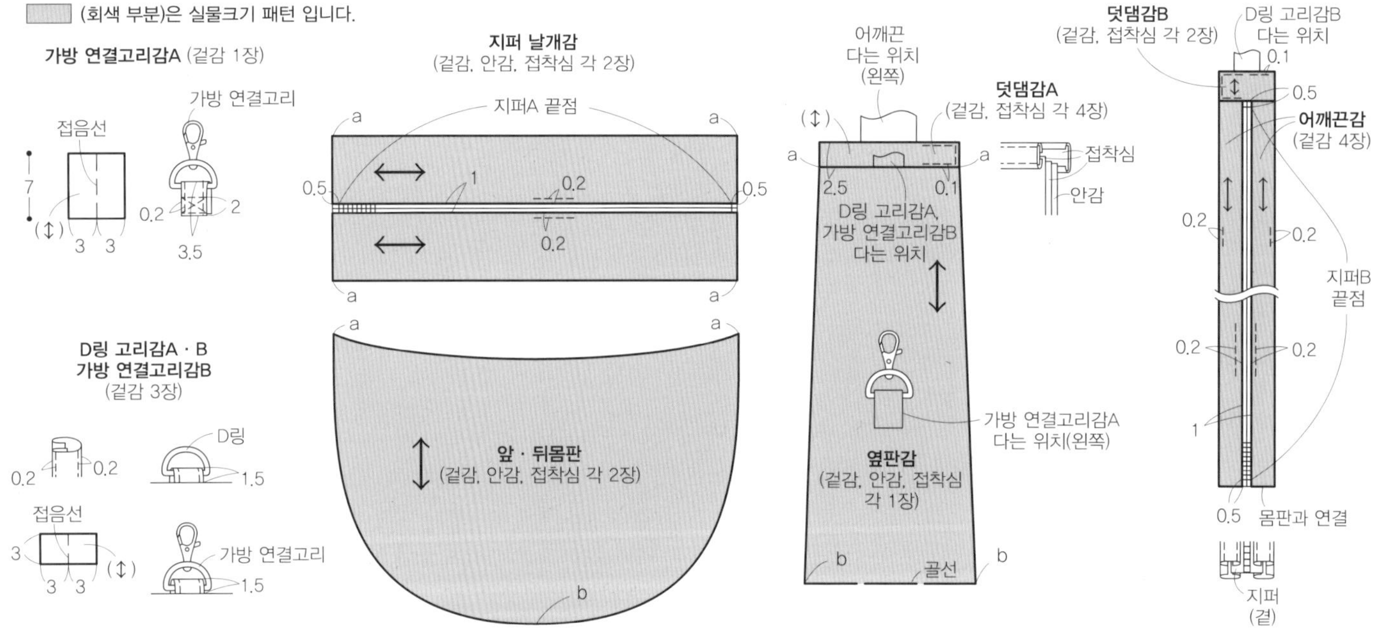

가방 연결고리감A (겉감 1장)

지퍼 날개감
(겉감, 안감, 접착심 각 2장)

앞 · 뒤몸판
(겉감, 안감, 접착심 각 2장)

D링 고리감A · B
가방 연결고리감B
(겉감 3장)

옆판감
(겉감, 안감, 접착심 각 1장)

덧댐감B
(겉감, 접착심 각 2장)

덧댐감A
(겉감, 접착심 각 4장)

어깨끈감
(겉감 4장)

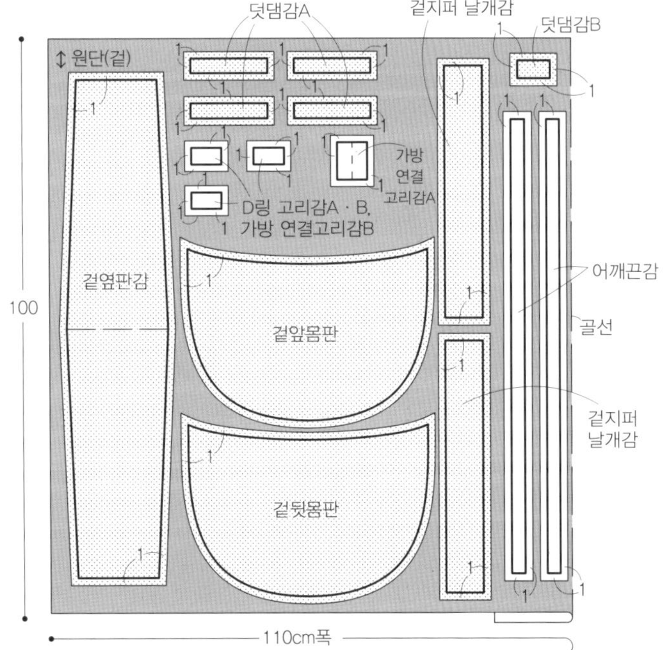

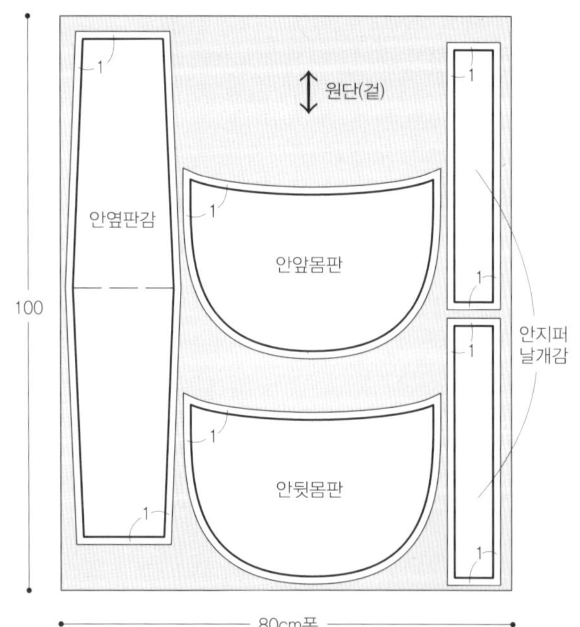

1. 가방 연결고리감A를 만든다

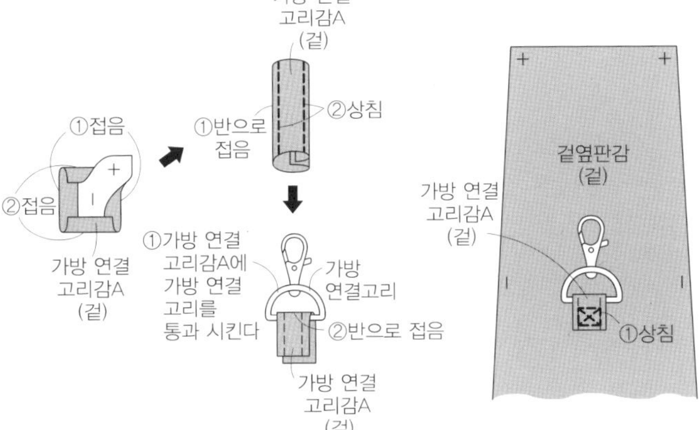

2. 겉옆판감에 가방 연결고리감A를 단다

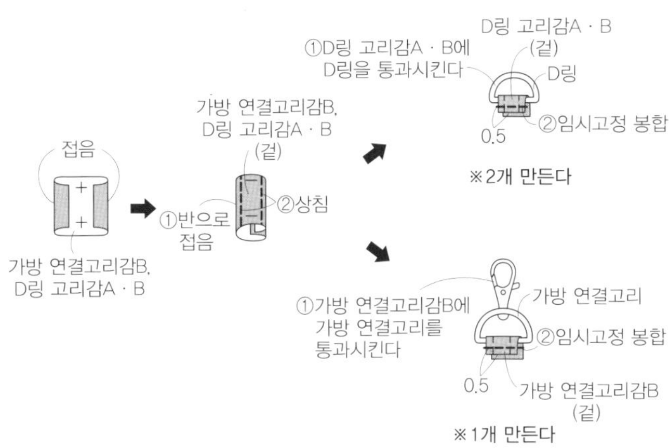

3. 가방 연결고리감B와 D링 고리감A · B를 만든다

4. 어깨끈을 만든다

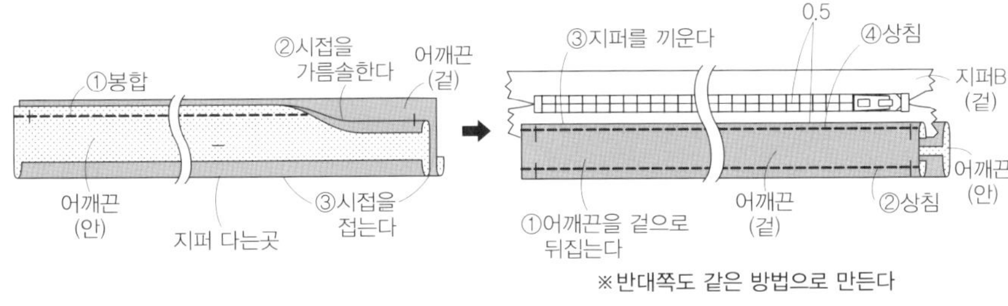

5. 어깨끈에 D링 고리감B를 단다

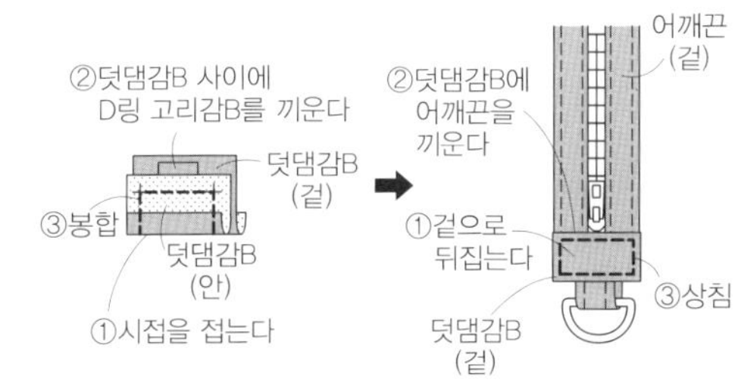

6. 지퍼 날개감을 만든다

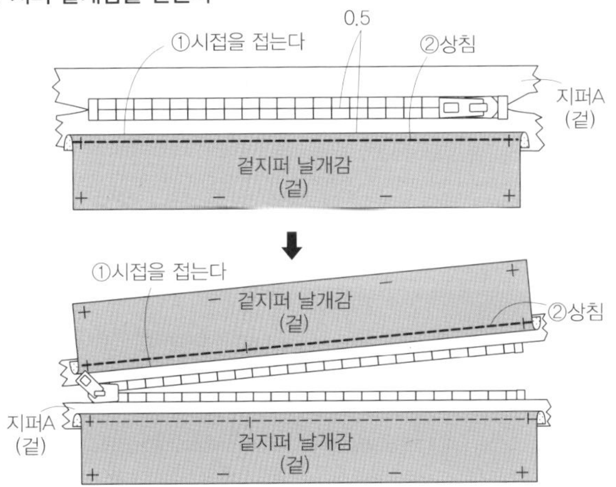

7. 겉몸판과 겉옆판감을 봉합한다

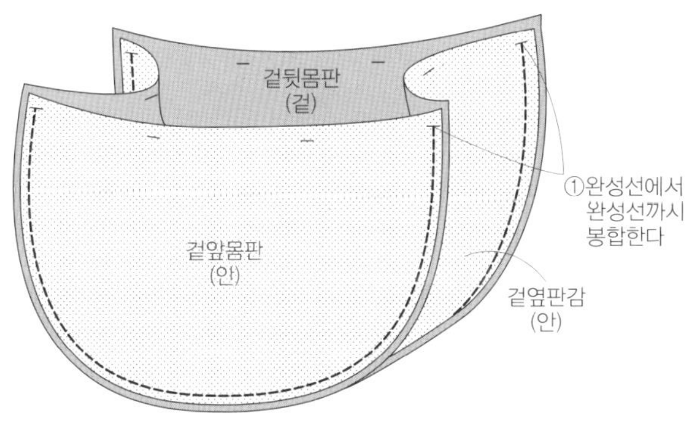

※안몸판과 안옆판감도 같은 방법으로 만든다

8. 겉몸판에 겉지퍼 날개감을 단다

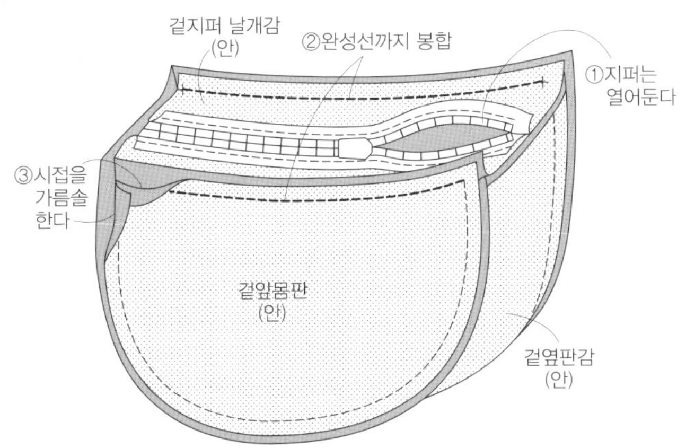

9. 안지퍼 날개감을 만든다

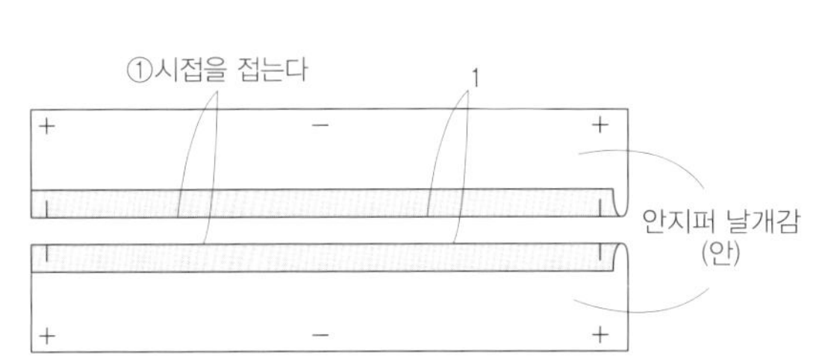

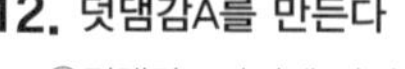

10. 안몸판에 안지퍼 날개감을 단다

11. 겉 · 안몸판을 봉합한다

12. 덧댐감A를 만든다

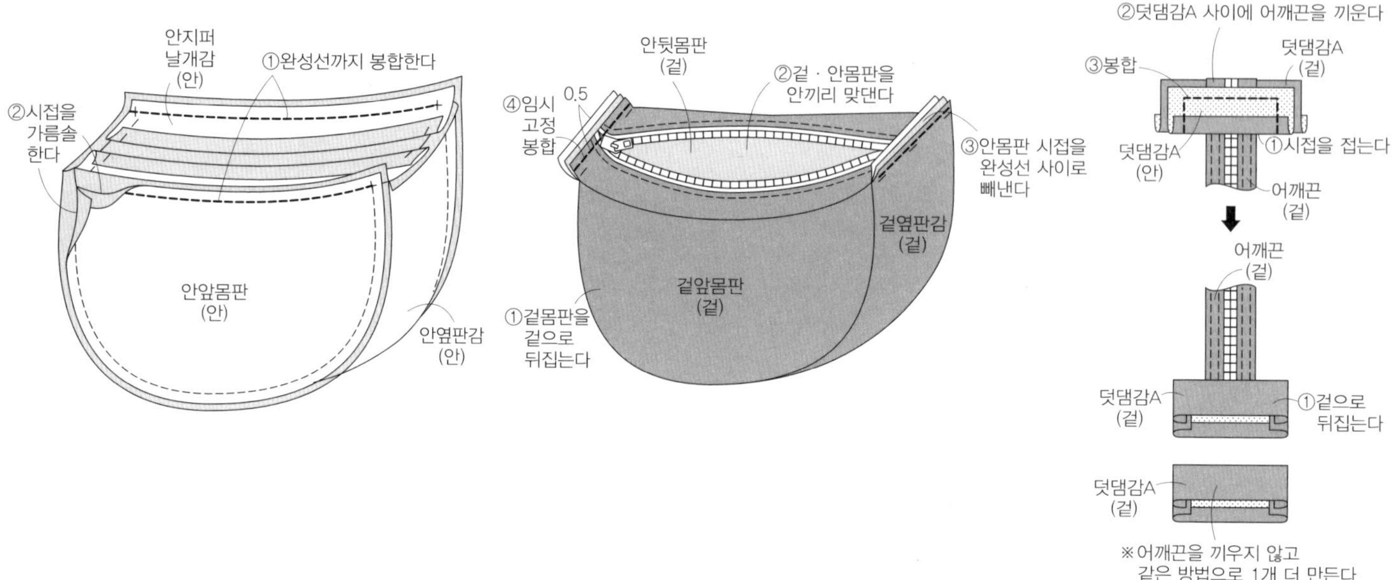

13. 겉옆판감에 D링 고리감A, 가방연결 고리감B, 어깨끈을 단다

14. 안몸판을 지퍼에 공그르기한다

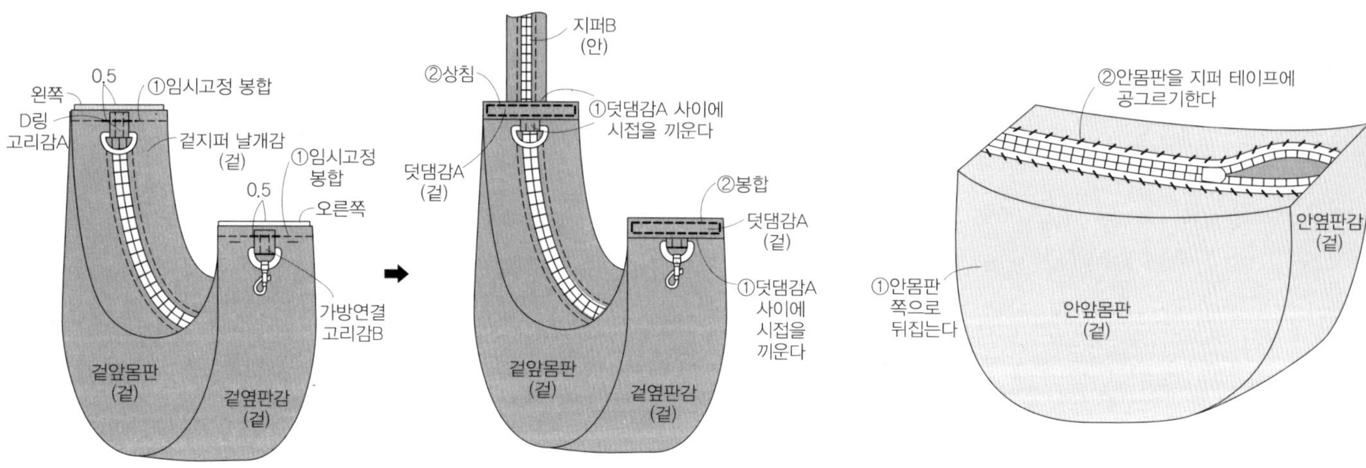

15. 완성

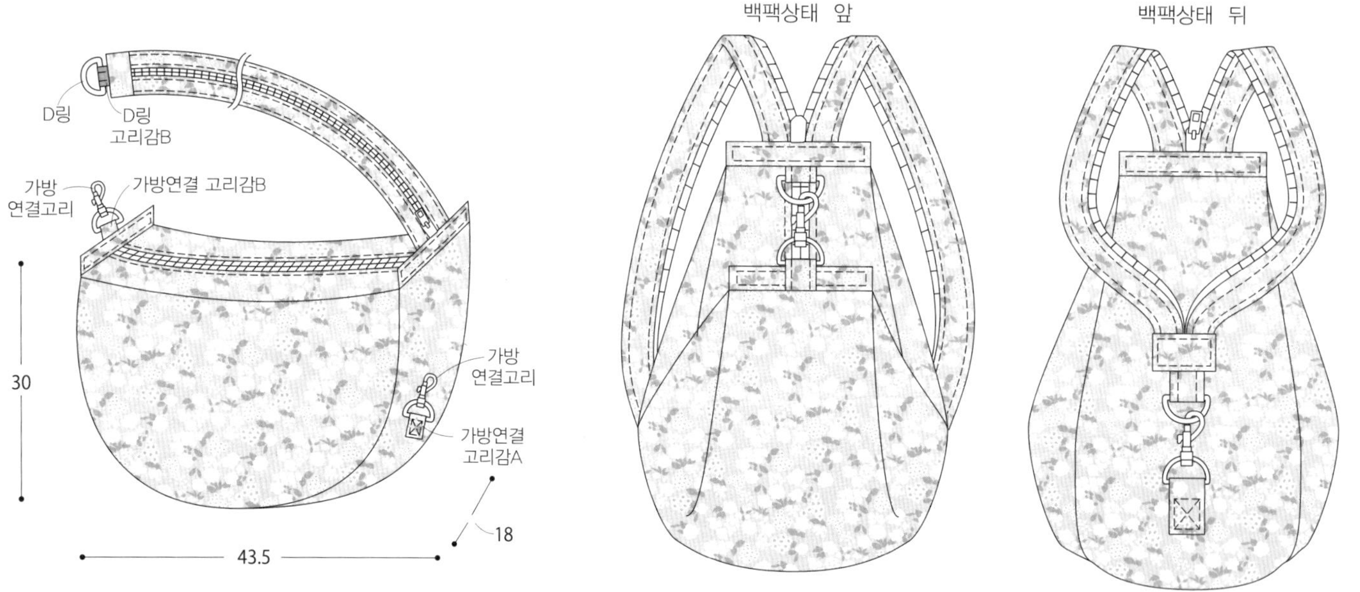

P.20 장바구니형 백팩

17

실물크기 패턴 A면

- 재료 -

- 겉감(나일론 클레씨) ···· 110cm폭×110cm
- 29cm길이 오픈지퍼 ···· 1개
- 1.27cm폭 바이어스테이프 ···· 280cm
- 스토퍼 ···· 2개
- 3cm폭 웨이빙 끈 ···· 510cm
- 1cm폭 둥근 끈 ···· 150cm

- 2.5cm폭 D링 ···· 3개
- 3cm폭 가방 연결고리 ···· 4개
- 3cm폭 길이조절 고리 ···· 2개

- 패턴에 대해서 -

◆실물크기 패턴 A면 17을 사용합니다.

- 사용패턴 – 앞·뒤몸판, 옆판감, 겉·안지퍼 날개감, 앞주머니
- 손잡이감, D링 고리감, 어깨끈감 패턴은 들어있지 않습니다.
  기재된 치수로 직접 제도하여 사용합니다.
- 손잡이감, 어깨끈감은 시접이 포함되어 있지 않은 치수입니다.
  □안의 시접을 참고하여 더해주세요.

- 패턴·제도 -

(회색 부분)은 실물크기 패턴 입니다.

손잡이감 (웨이빙 끈 1장)

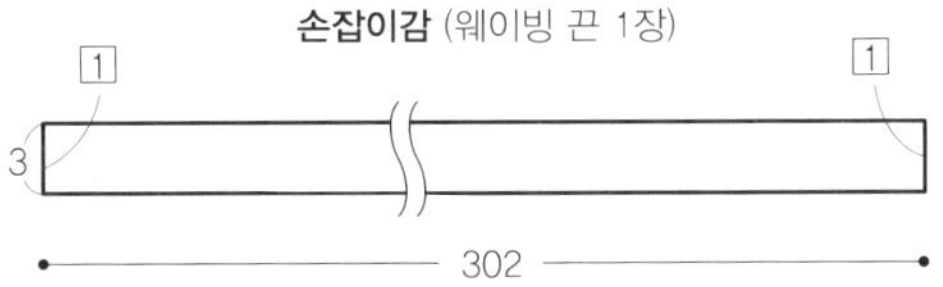

302

D링 고리감 (겉감 3장)

4 / 0.2 / 접음선 / 2 2 / D링 고리감

D링 / 2

72cm길이의 둥근 끈을 통과시킨다(2cm시접 포함)

끈 통로 입구(단춧구멍) / 1.8 1 1 / 둥근 끈

옆판감 (겉감 2장)

중심 / b a b

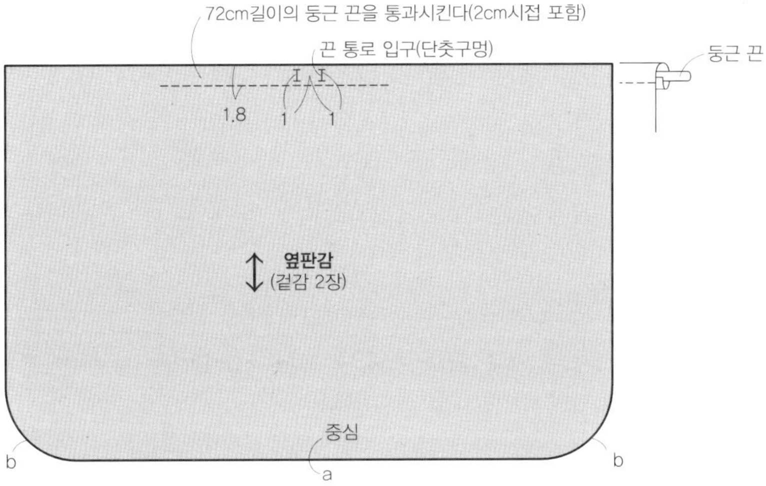

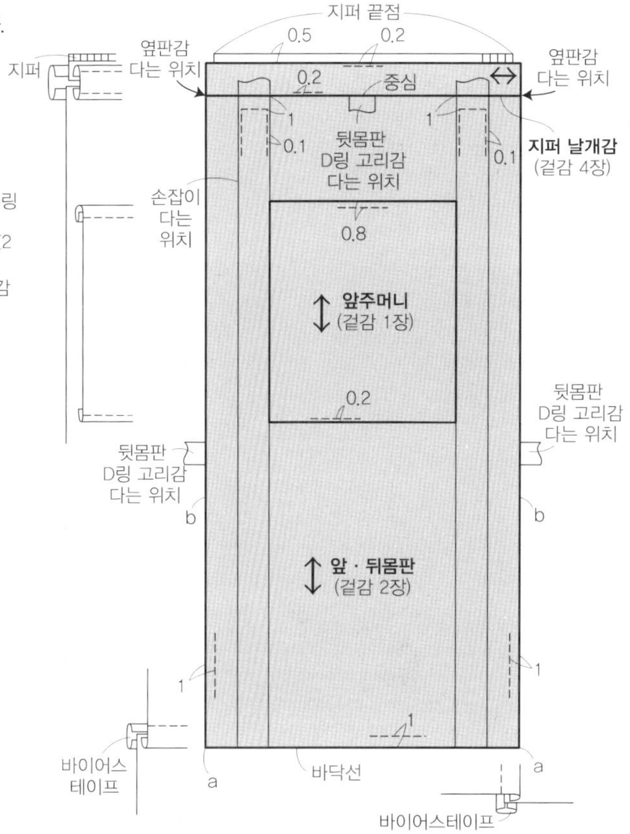

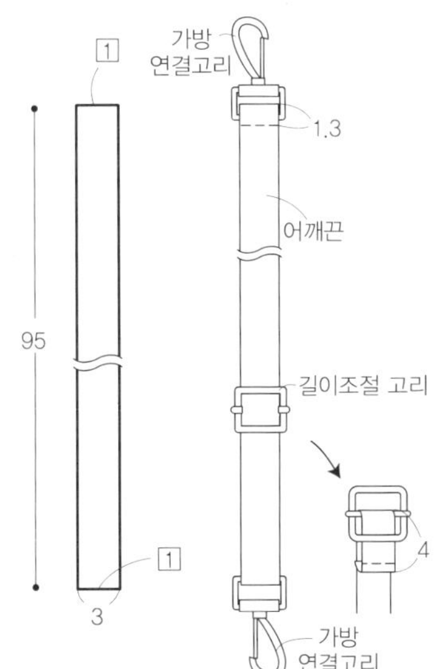

어깨끈감 (웨이빙 끈 2장)

95 / 3

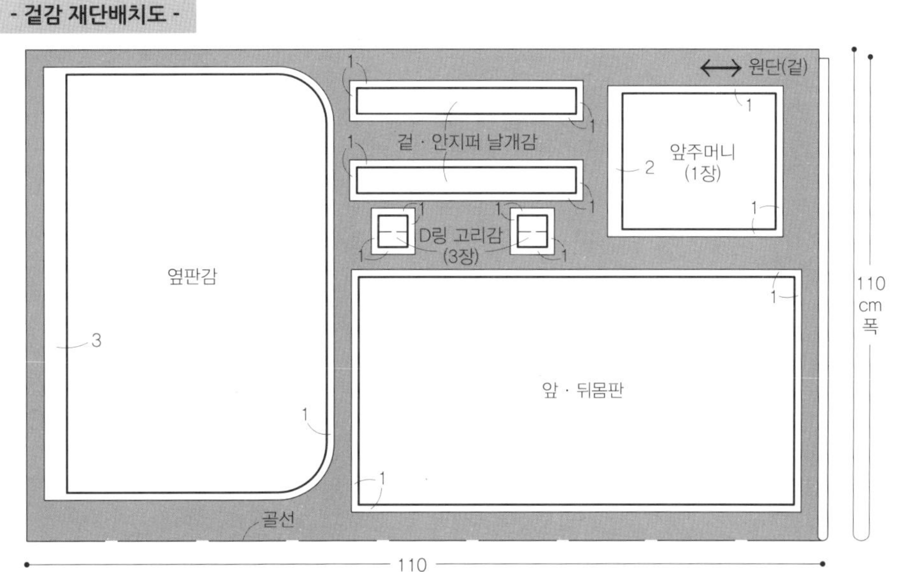

- 겉감 재단배치도 -

1. D링 고리감을 만들어 뒷몸판에 단다

2. 앞주머니를 만들어 앞몸판에 단다

3. 앞·뒤몸판을 봉합한다

4. 옆판감에 끈을 통과시킨다

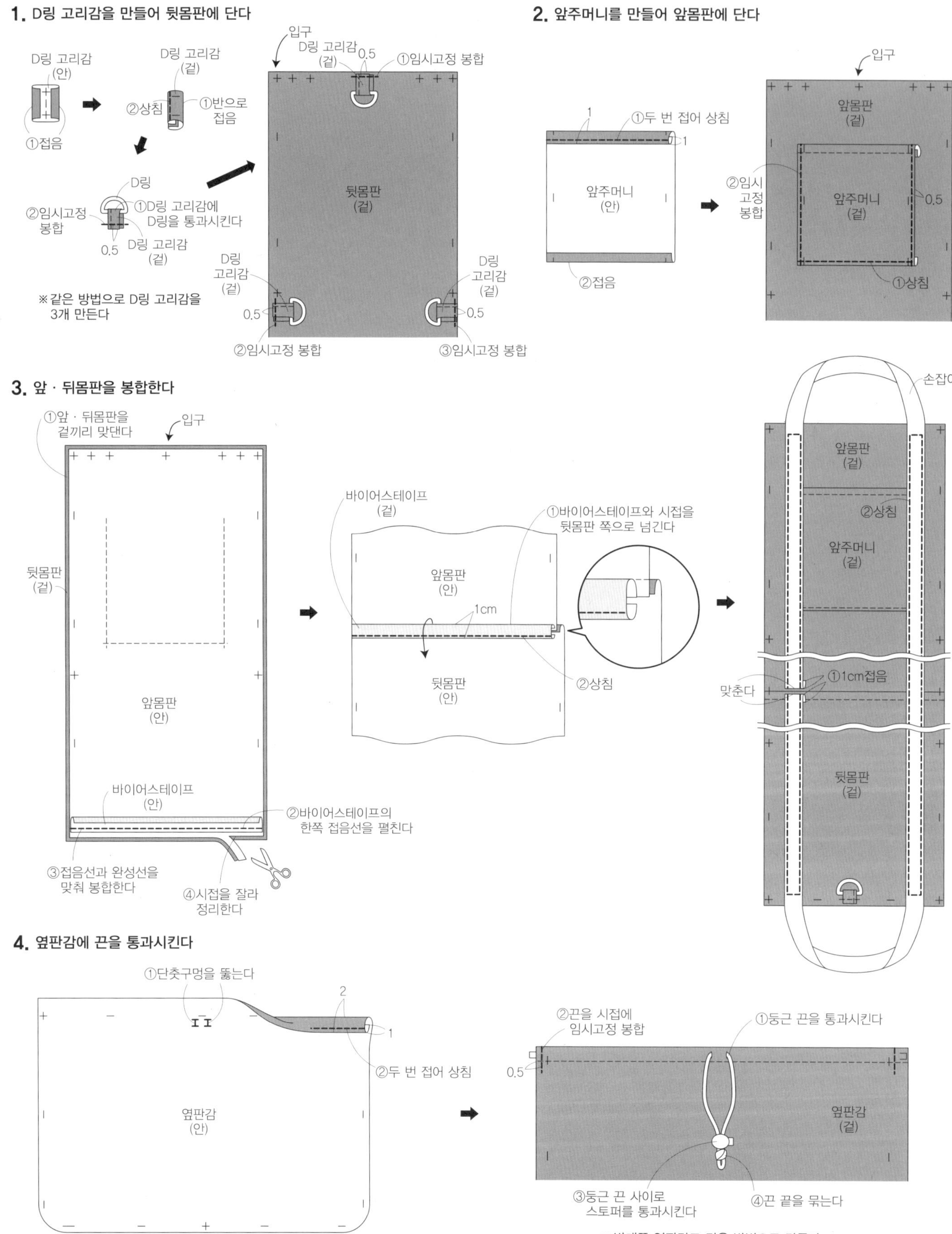

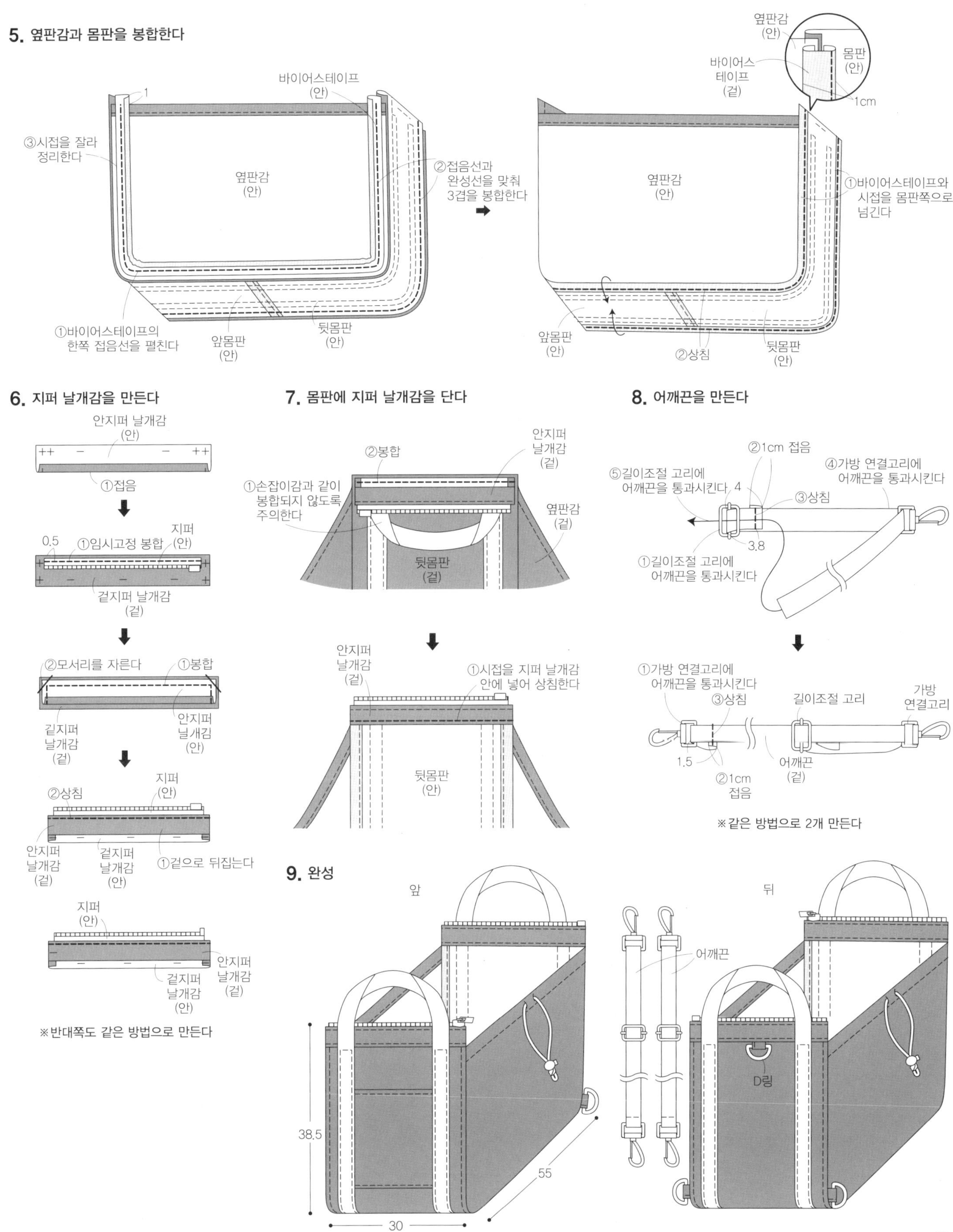

5. 옆판감과 몸판을 봉합한다
1
바이어스테이프
(안)
③시접을 잘라 정리한다
옆판감
(안)
②접음선과 완성선을 맞춰 3겹을 봉합한다
①바이어스테이프의 한쪽 접음선을 펼친다
앞몸판
(안)
뒷몸판
(안)
옆판감
(안)
몸판
(안)
바이어스
테이프
(겉)
1cm
옆판감
(안)
①바이어스테이프와 시접을 몸판쪽으로 넘긴다
앞몸판
(안)
②상침
뒷몸판
(안)
6. 지퍼 날개감을 만든다
안지퍼 날개감
(안)
++ － － ++
①접음
0.5
지퍼
(안)
①임시고정 봉합
+ － － +
겉지퍼 날개감
(겉)
②모서리를 자른다
①봉합
겉지퍼 날개감
(겉)
안지퍼 널개감
(안)
②상침
지퍼
(안)
안지퍼 날개감
(겉)
겉지퍼 날개감
(안)
①겉으로 뒤집는다
지퍼
(안)
겉지퍼 날개감
(안)
안지퍼 날개감
(겉)
※반대쪽도 같은 방법으로 만든다
7. 몸판에 지퍼 날개감을 단다
②봉합
안지퍼 날개감
(겉)
①손잡이감과 같이 봉합되지 않도록 주의한다
옆판감
(겉)
뒷몸판
(겉)
안지퍼 날개감
(겉)
①시접을 지퍼 날개감 안에 넣어 상침한다
뒷몸판
(안)
8. 어깨끈을 만든다
②1cm 접음
⑤길이조절 고리에 어깨끈을 통과시킨다 4
④가방 연결고리에 어깨끈을 통과시킨다
③상침
3.8
①길이조절 고리에 어깨끈을 통과시킨다
①가방 연결고리에 어깨끈을 통과시킨다
③상침
길이조절 고리
가방 연결고리
1.5
②1cm 접음
어깨끈
(겉)
※같은 방법으로 2개 만든다
9. 완성
앞
뒤
어깨끈
38.5
55
30
D링

P.23 어린이용 데일리 백팩

19

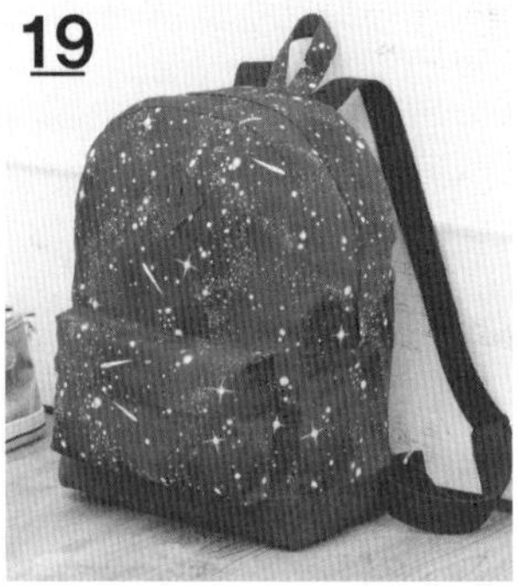

실물크기 패턴 B면

- 패턴에 대해서 - ◆실물크기 패턴 B면 **19**를 사용합니다.

· 사용패턴 – 겉 · 안앞몸판, 겉 · 안뒷몸판, 겉앞지퍼 날개감, 겉뒤지퍼 날개감,
  안앞 · 뒤지퍼 날개감, 겉 · 안옆판감, 위 · 아래 주머니, 안주머니,
  배색감A · B
· 손잡이감, 어깨끈감, ㅁ링 고리감 패턴은 들어있지 않습니다.
  기재된 치수로 직접 제도하여 사용합니다.
· 어깨끈감, ㅁ링 고리감은 시접이 포함되어 있지 않은 치수입니다.
  ㅁ안의 시접을 참고하여 더해주세요.

- 패턴 · 제도 -   (회색 부분)은 실물크기 패턴 입니다.

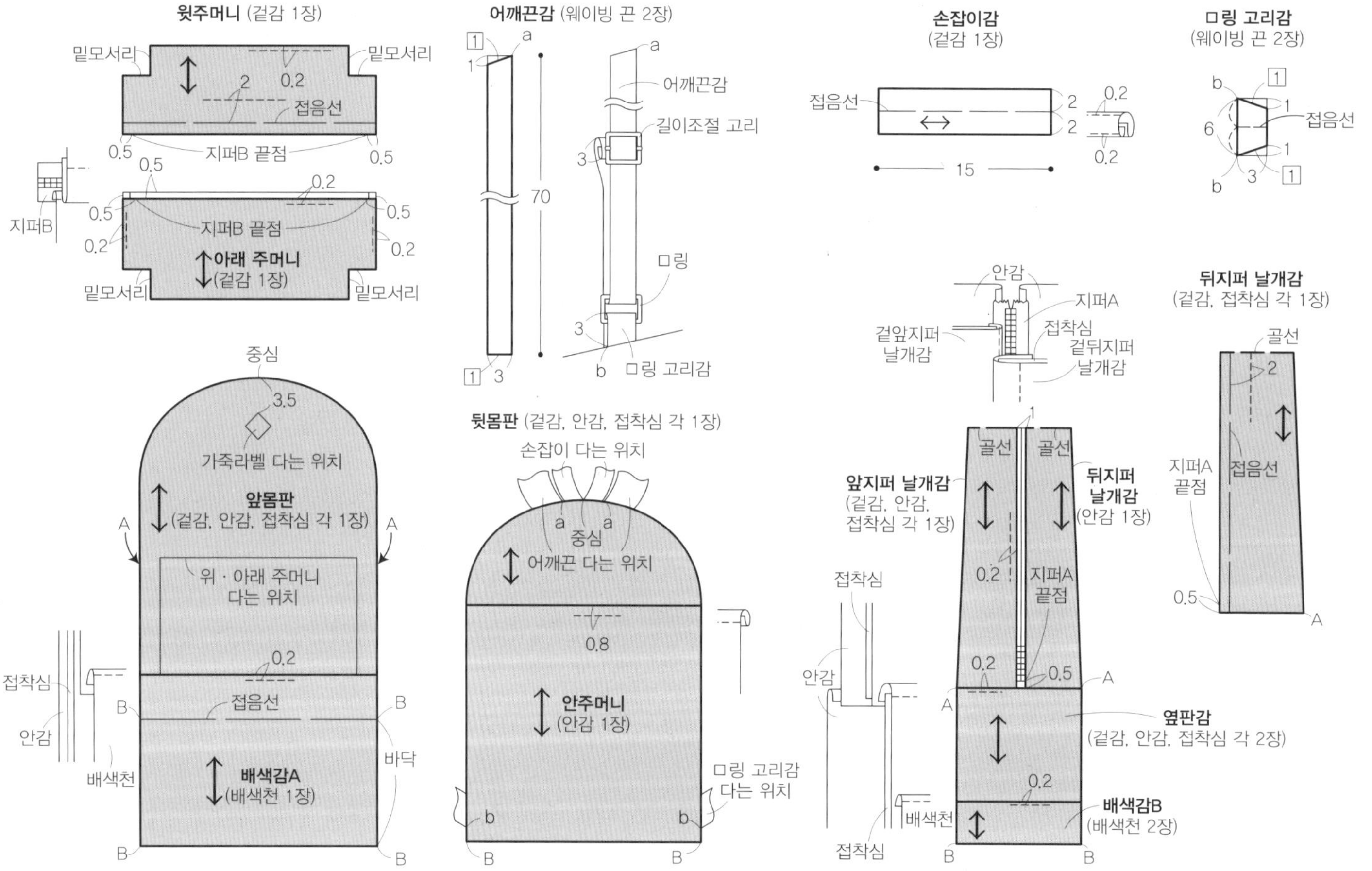

윗주머니 (겉감 1장)

어깨끈감 (웨이빙 끈 2장)

손잡이감 (겉감 1장)

ㅁ링 고리감 (웨이빙 끈 2장)

앞몸판 (겉감, 안감, 접착심 각 1장)

뒷몸판 (겉감, 안감, 접착심 각 1장)

뒤지퍼 날개감 (겉감, 접착심 각 1장)

앞지퍼 날개감 (겉감, 안감, 접착심 각 1장)

옆판감 (겉감, 안감, 접착심 각 2장)

- 만드는 방법 -

※만드는 방법은 P.28 참고

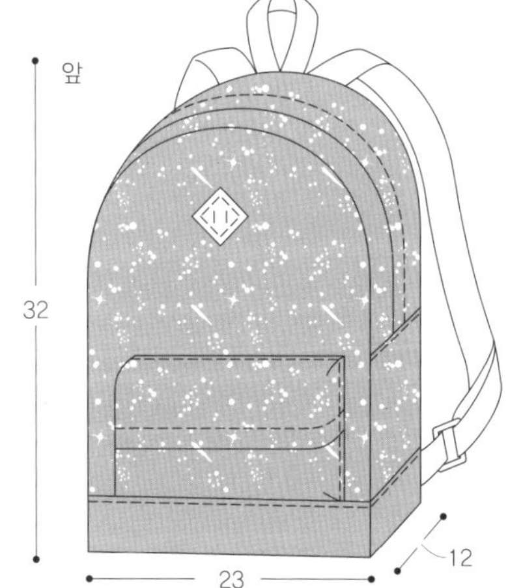

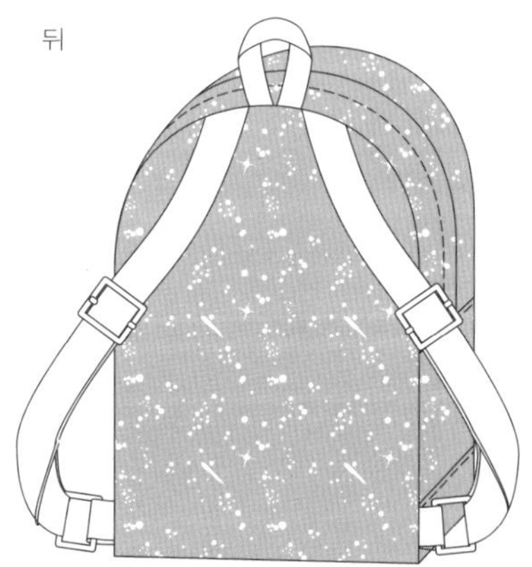

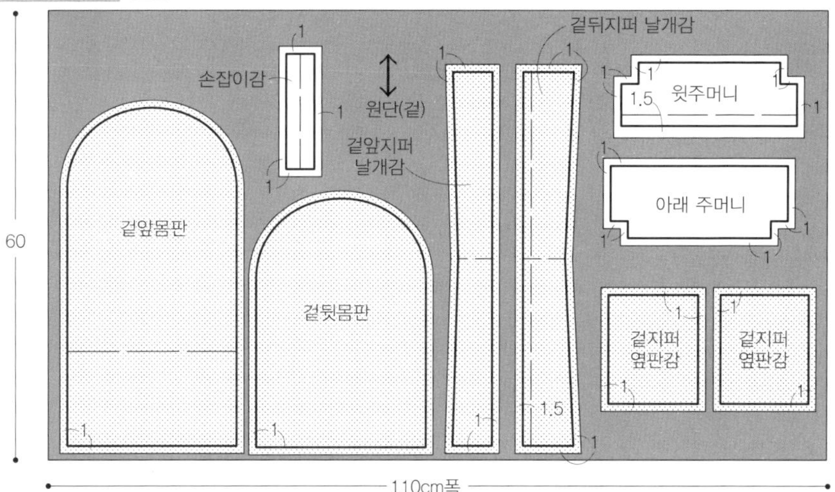

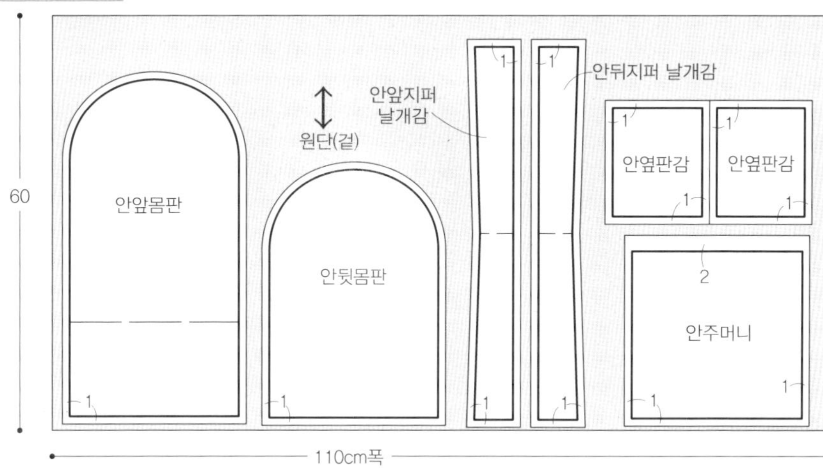

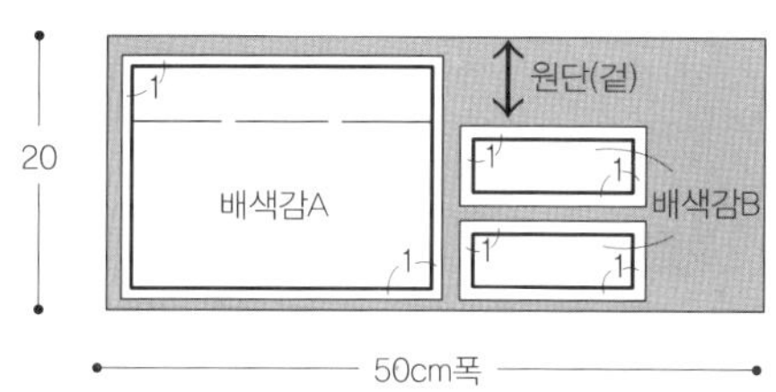

P.25 체스트 벨트

※ 실물크기 패턴은 들어있지 않습니다

- 재료 -

· 2.5cm폭 웨이빙 끈 ···· 60cm
· 2.5cm폭 벨크로 ···· 20cm
· 2.5cm폭 버클 ···· 1쌍

- 제도 -

· 왼쪽 · 오른쪽 벨트는 시접이 포함되어 있지 않은 치수입니다.
□안의 시접을 참고하여 더해주세요.

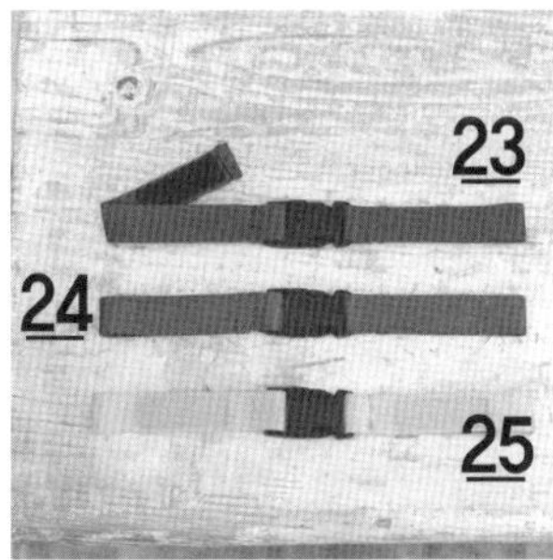

오른쪽 벨트 (웨이빙 끈 1장)

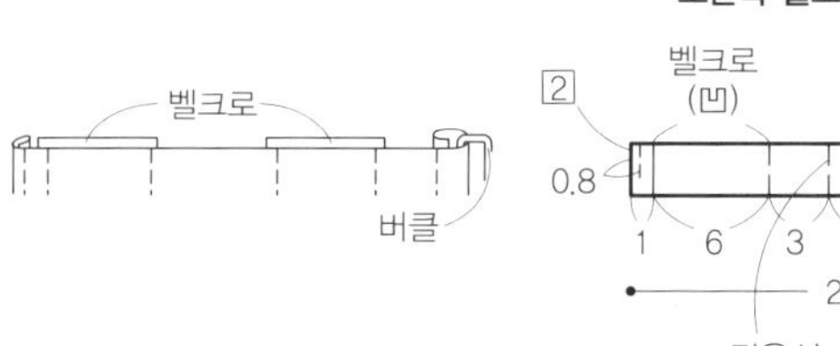

왼쪽 벨트 (웨이빙 끈 1장)

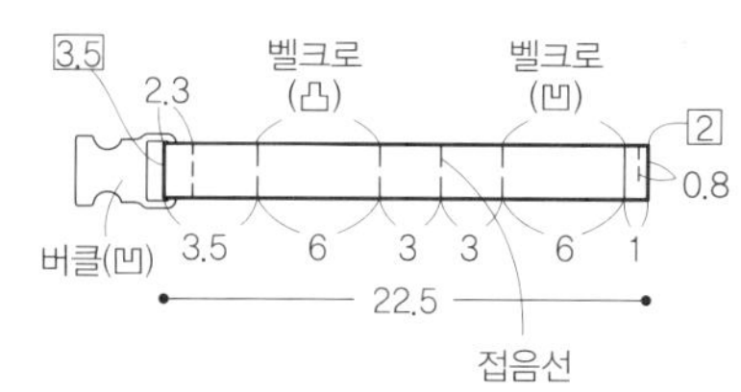

- 만드는 방법 -

1. 왼쪽 벨트를 만든다

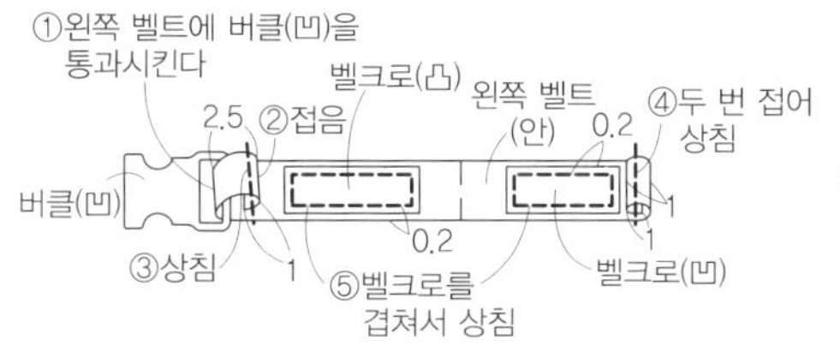

2. 오른쪽 벨트를 만든다

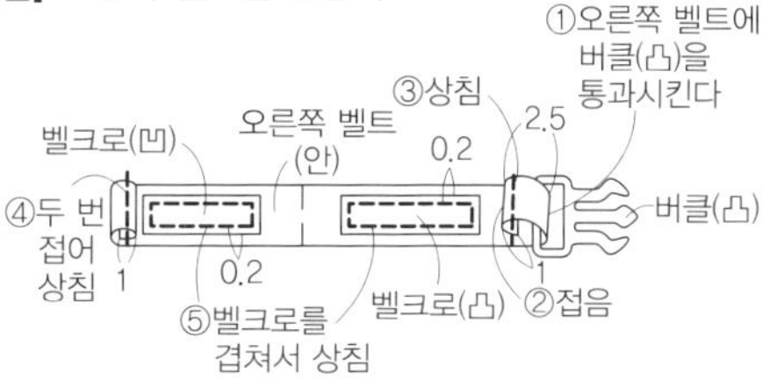

3. 완성

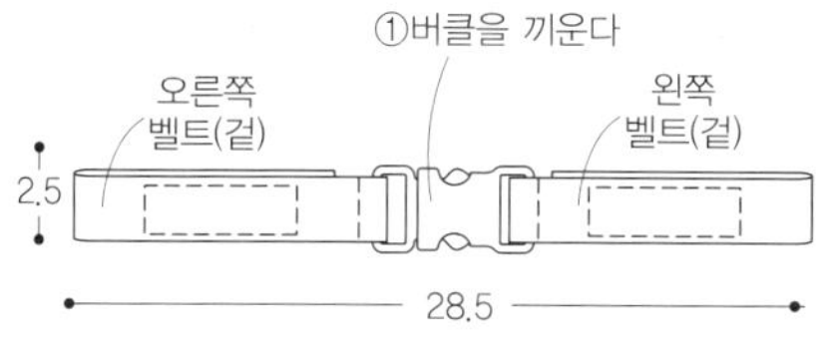

20

실물크기 패턴 B면

- 재료 -

- 겉감(코튼) ···· 110cm폭×80cm
- 접착심(소잉심지) ···· 90cm폭×80cm
- 가방 바닥판 ···· 40cm×50cm 2장
- 2.2cm폭 웨이빙 끈 ···· 30cm
- 양면테이프 ···· 적당량

- 패턴에 대해서 -

◆실물크기 패턴 B면 20을 사용합니다.

- 사용패턴 – 겉·안앞몸판, 겉·안뒷몸판, 겉·안옆판감, 겉·안바닥감, 주머니A·B, 보틀 홀더
- 손잡이감 패턴은 들어있지 않습니다.
- 손잡이감은 시접이 포함되어 있지 않은 치수입니다.
  □안의 시접을 참고하여 더해주세요.

- 패턴·제도 -

(회색 부분)은 실물크기 패턴 입니다.

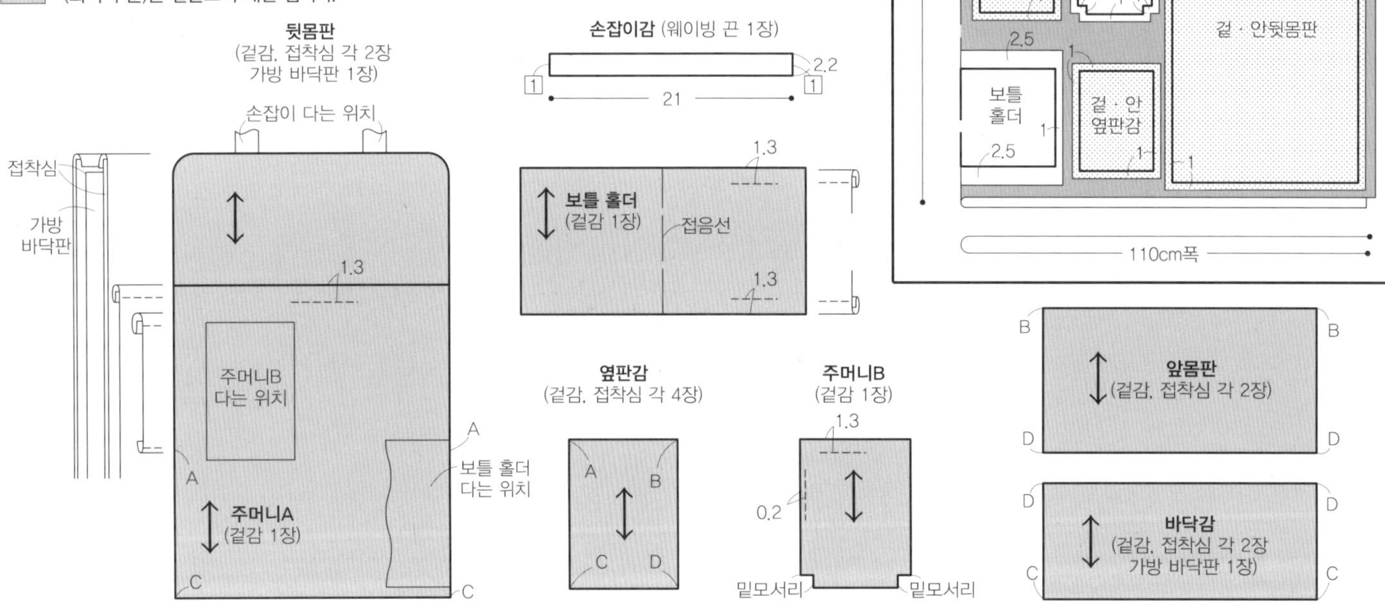

- 겉감 재단배치도 -

=접착심(소잉심지)을 붙인다.

- 만드는 방법 -

※봉합하기 전 지정된 위치에 맞춰 접착심(소잉심지)을 붙입니다.

1. 가방 바닥판을 자른다

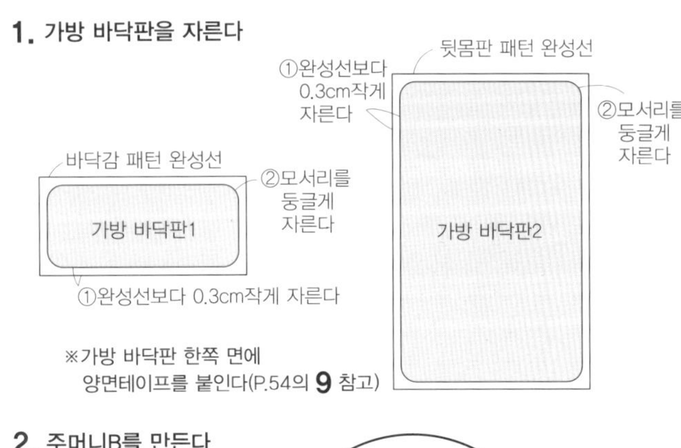

※가방 바닥판 한쪽 면에 양면테이프를 붙인다(P.54의 **9** 참고)

2. 주머니B를 만든다

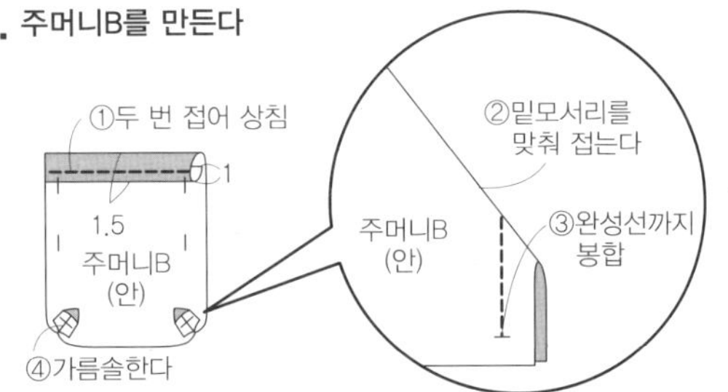

3. 보틀 홀더를 만든다

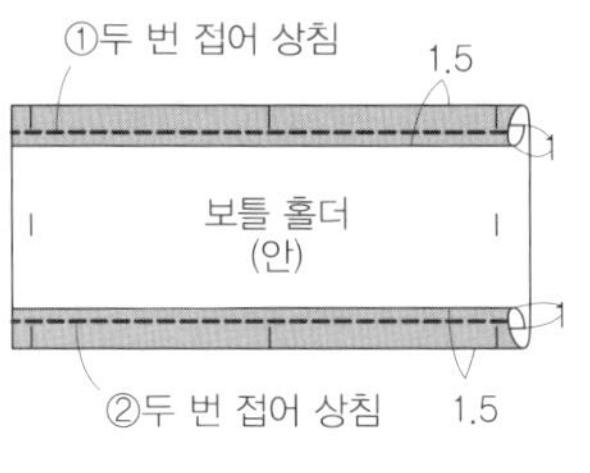

4. 주머니A를 만든다

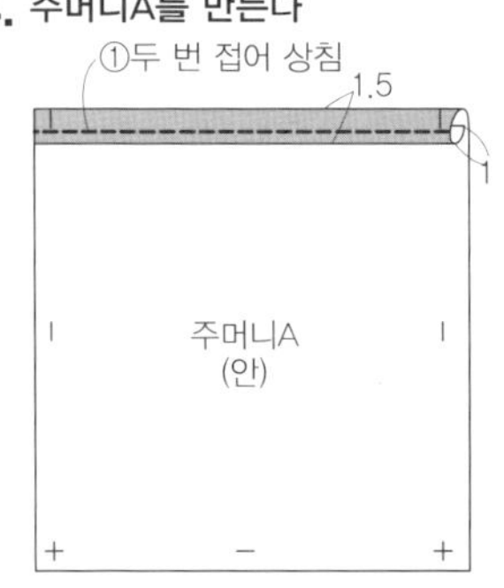

5. 주머니A에 주머니B, 보틀 홀더를 단다

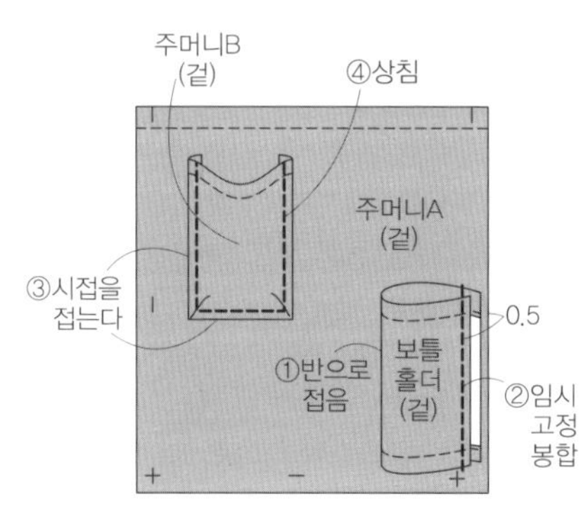

6. 앞몸판과 옆판감, 바닥감을 봉합한다

※안몸판도 같은 방법으로 만든다

7. 겉 · 안감을 봉합한다

8. 바닥감에 가방 바닥판1을 넣는다

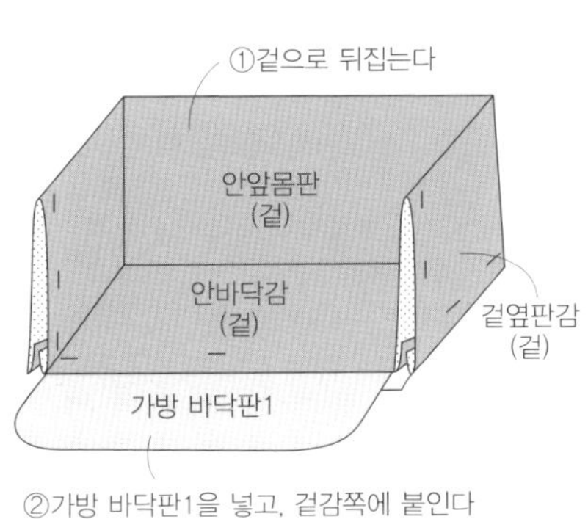

9. 안뒷몸판에 손잡이와 주머니A를 단다

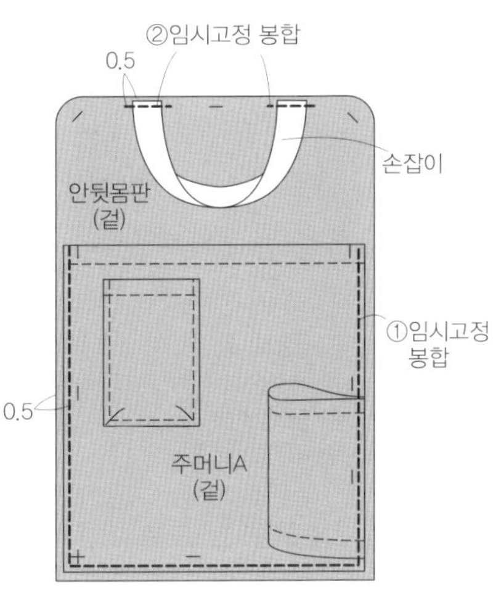

10. 안뒷몸판에 앞몸판과 바닥감을 임시고정한다

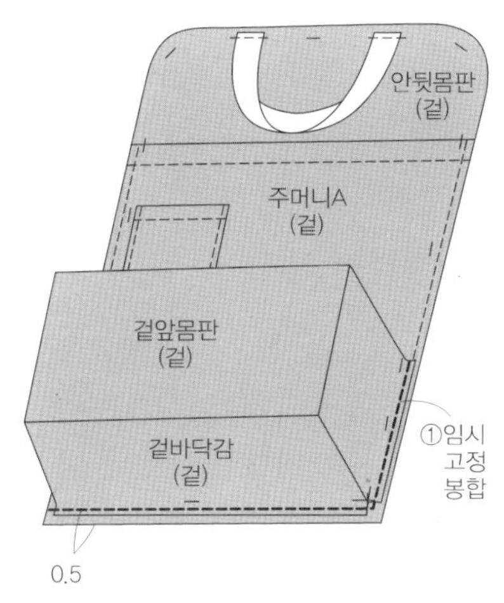

11. 겉 · 안뒷몸판을 봉합한다

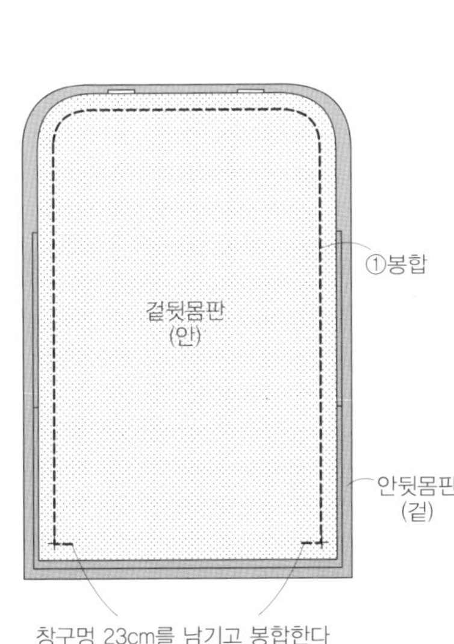

12. 뒷몸판에 가방 바닥판2를 넣고 공그르기한다

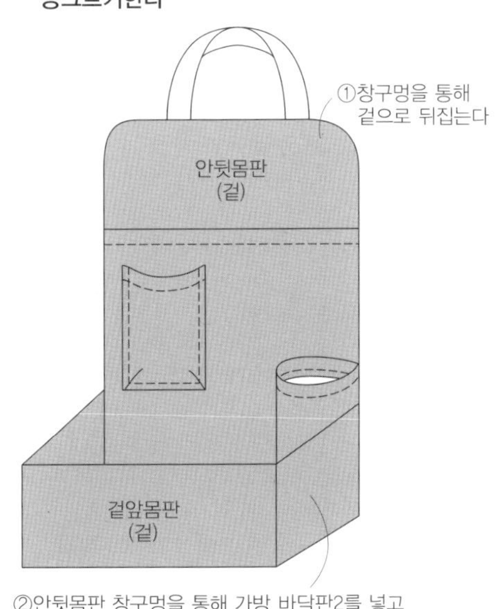

13. 완성

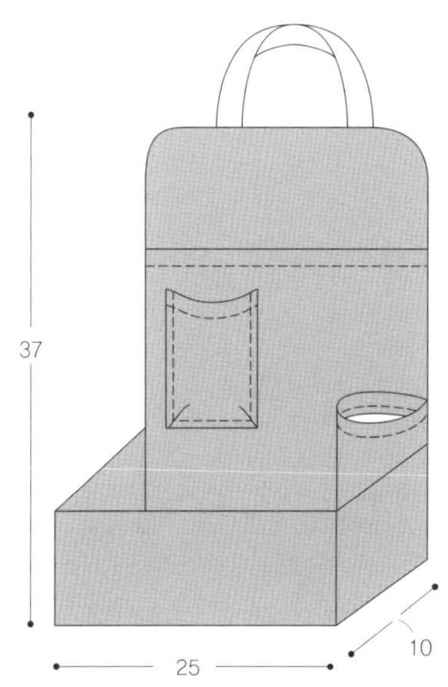

21 **22**

실물크기 패턴 B면

- 재료 -
· 겉감(코튼) ···· 40cm폭×50cm
· 안감(코튼) ···· 30cm폭×50cm
· 접착 퀼팅솜 ···· 30cm폭×50cm
· 2.5cm폭 벨크로 ···· 10cm

- 패턴에 대해서 -
◆실물크기 패턴 B면 21·22를 사용합니다.
· 사용패턴 – 겉·안앞몸판, 겉·안뒷몸판, 겉·안옆판감, 벨트A·B

- 패턴·제도 -
(회색 부분)은 실물크기 패턴 입니다.

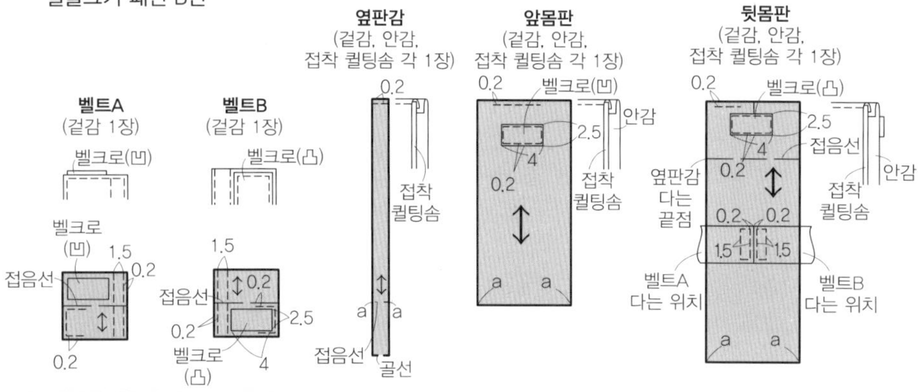

- 겉감 재단배치도 -
=접착 퀼팅솜을 붙인다.

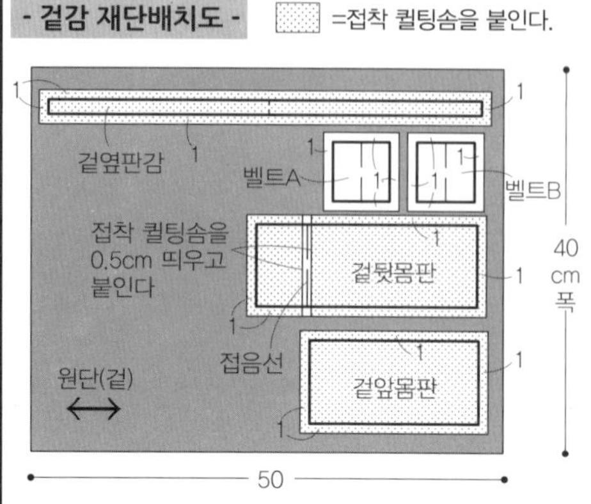

- 안감 재단배치도 -

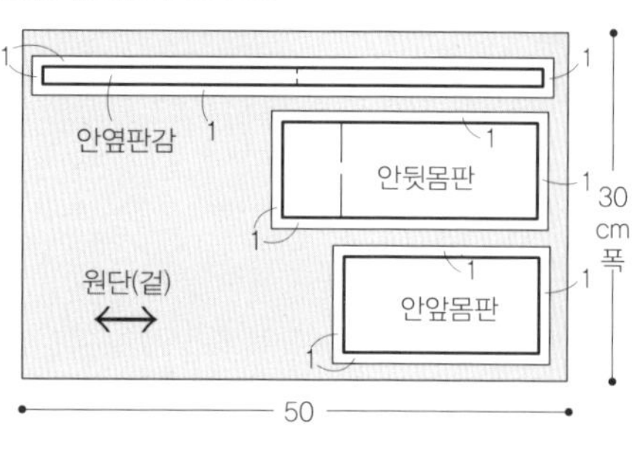

- 만드는 방법 -
※작품21·22는 봉합하기 전 지정된 위치에 맞춰 접착 퀼팅솜을 붙입니다.

1. 벨트A·B를 만들어 겉뒷몸판에 단다

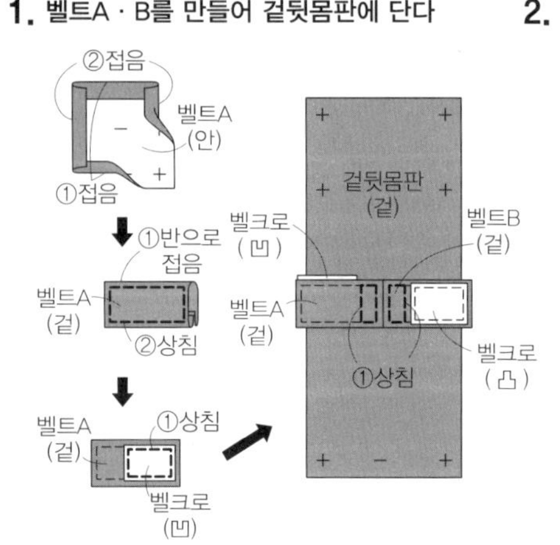

※벨트B는 벨크로(凸)를 달아
같은 방법으로 만든다

2. 겉앞몸판과 안뒷몸판에 벨크로를 단다

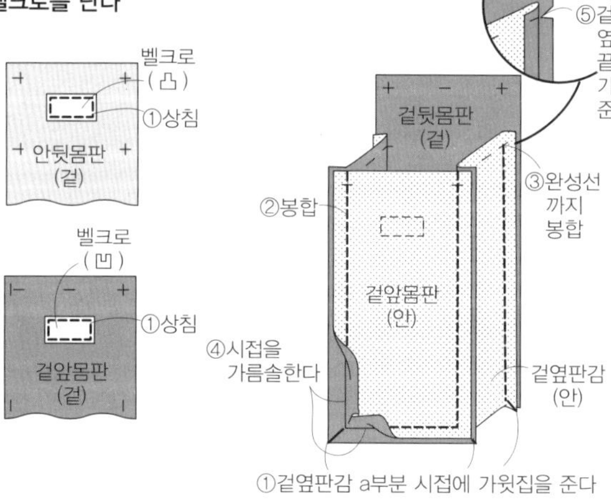

3. 겉몸판을 봉합한다

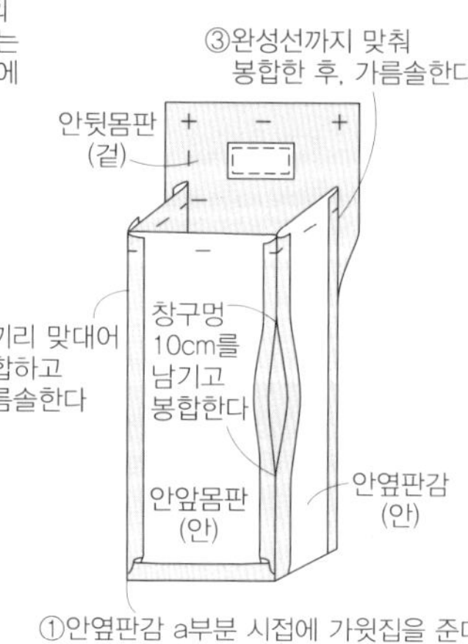

4. 안몸판을 봉합한다

5. 겉·안몸판을 봉합한다

6. 완성

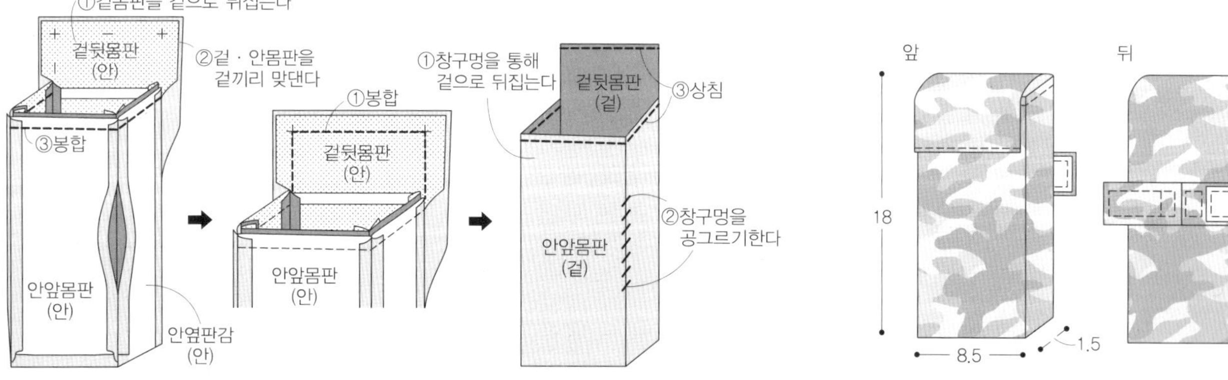

초보자의 눈으로 개발하는 패턴 전문 브랜드!

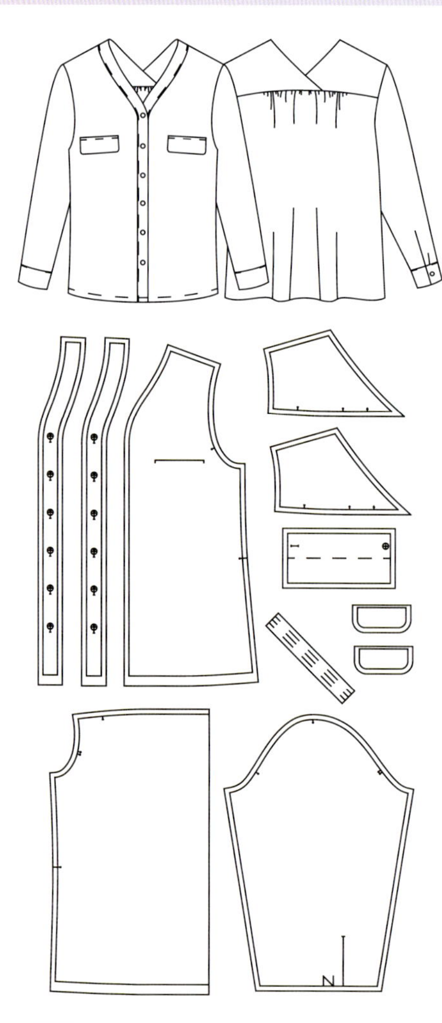

좋아요♥ 70100002개

PATTERN IN 패턴인은 전문 디자이너들이 디자인부터 완성까지 모든 과정을 직접 제작합니다.
의상 전문 캐드로 그레이딩하고, 전 제작과정을 사진 제작설명서로 만들어 누구나 스스로 DIY를 할
수 있도록 만들어 주는 패턴 전문 브랜드 입니다. 패턴인의 상품은 사이즈별 실물 패턴과 사진 제작
설명서로 구성되어 초보자도 쉽게 의상과 소품을 제작할 수 있습니다.

#PATTERNIN #패턴인 #패턴 #초보자도 #쉽게 #DIY #도전 #소잉마스터

상품구매처 패션스타트/ 패션스타트NCC 대리점/ 심플소잉/ 심플소잉NCC 대리점/ 퀼트스타/ 그외 온 · 오프라인

Creative Happy Life
QUILT STAR

Quilt Star Shopping mall

퀼트스타

정식라이선스

케이블루의 빨간머리앤 자수 패키지

자수에 감성을 담는 그녀 케이블루 작가와 함께한 빨간머리앤 자수 패키지!
감성의 가닥을 모아 손끝으로 새기는 빨간머리앤의 따뜻하고 특별한 이야기를 지금부터 시작합니다!

구성품 : 도안인쇄 자수원단, 제작레시피, 자수실 (수틀, 바늘, 골무, 가위 등 미포함)

17JS-1
플라워 화관 KIT

17JS-2
다이애나 얼굴 KIT

17JS-5
앤 베이킹 KIT

17JS-8
우정 KIT

17JS-9
원더풀 드림 KIT

"빨간머리앤의 장면 위에 사랑스러운 자수를 놓아보세요!"

Sewing Harue

소잉하는 사람의
마음과 손으로 짓는 책.

소잉 하루에입니다.

vol.10 개정판
매일매일이 행복한 **아기옷 바느질**

48작품 수록 / 152쪽

실물크기 패턴 1매(2면) 47종 수록 / 정가 12,800원

신생아부터 24개월까지의 우리 아이에게 유용한 아이템을 소개 합니다. 실물크기 패턴, 하루에 소잉팁, 기초 부재료 소개와 함께 하루에 팁으로 육아에 유용한 정보가 될 아기 마사지법, 아빠 육아법, 엄마표 놀이를 수록했습니다.

vol.11
진짜 쉬운 **머신소잉의 기초**

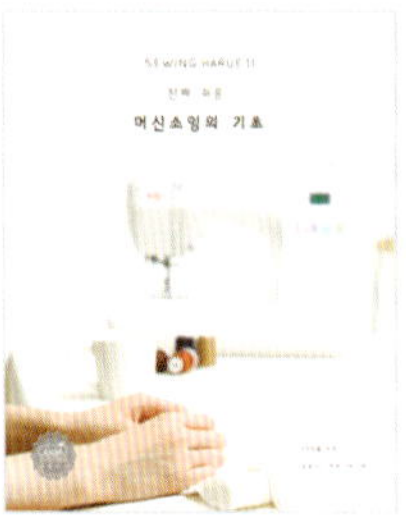

29작품 수록 / 107쪽

실물크기 패턴 1매(2면) 18종 수록 / 정가 12,000원

소잉이 익숙하지 않은 초보 소어들을 위한 아이템들을 기초 / 초급 / 중급 / 스페셜의 총 4가지 테마로 소개하고 있습니다. 실물크기 패턴, 소잉팁, 기초 부재료 소개와 함께 All color 일러스트 제작 설명서까지! 하루에 11과 함께 소잉의 매력에 빠져 보세요.

vol.12 신개정판
내 손으로 만드는 **사랑스러운 우리아이 한복**

21작품 수록 / 102쪽

실물크기 패턴 2매(4면) 21종 수록 / 정가 14,000원

우리 아이를 위한 사랑스럽고 다양한 한복을 소개합니다. 전통 한복 /생활 한복 / 장신구의 3가지 주제로 총 21작품이 수록되어 있으며, 친절하고 자세한 All color 일러스트 제작설명서로 쉽게 만들 수 있습니다. 엄마의 정성을 담은 한복을 아이에게 선물해 주세요.

vol.13
오버록 미싱으로 만드는 **핸드메이드 아이옷**

28작품 수록 / 102쪽

실물크기 패턴 2매(4면) 28종 수록 / 정가 14,000원

오버록 미싱으로 간단하게 만드는 아이옷을 소개합니다. 일상복 / 외출복 / 홈웨어&언더웨어의 총 3가지 테마로 24가지의 다양한 아이템이 수록되어 있습니다. 아이를 위한 귀여운 액세서리 만드는 법이 담긴 하루에 팁도 놓치지 마세요.

vol.14 개정판
마리앤느의 **핸드메이드 에이프런**

37작품 수록 / 156쪽

실물크기 패턴 2매(4면) 35종 수록 / 정가 15,400원

직접 만들 수 있는 다양한 에이프런을 소개합니다. 기본 스타일 에이프런 / 옷처럼 입을 수 있는 에이프런 / Special (남성&아동) / 주방소품의 총 4가지 테마로 다양하고 실용성 높은 아이템들을 담았습니다. 나만의 핸드메이드 에이프런을 만나보세요.

vol.15
그녀들이 만드는 **행복한 홈인테리어**

36작품 수록 / 134쪽

실물크기 패턴 2매(4면) 27종 수록 / 정가 15,000원

홈인테리어 소품들을 소개합니다. 거실 / 침실 / 아이방 / 주방의 4가지 테마로 총 36가지의 아이템들이 수록되어 있으며, All Color 일러스트 제작 설명서를 수록하여 쉽게 작품을 만들 수 있습니다. 직접 만든 소품들로 집안 곳곳을 꾸며 보세요.

vol.16
여우꼬리가 들려주는 행복한 **자수 소품 이야기**

36작품 수록 / 134쪽

실물크기 패턴·자수 도안 2매(4면) 19·26종 수록 / 정가 15,000원

다양하고 실용적인 자수 소품들을 소개합니다. 소잉룸 / 키친 / 리빙 /외출의 4가지 테마로 총 26가지의 아이템들이 수록되어 있으며, All Color 일러스트 제작 설명서와 실물크기의 자수 도안을 수록하여 쉽게 작품을 만들 수 있습니다. 세상에 하나뿐인 나만의 자수 소품을 만들어 보세요.

vol.17
처음 배우는 소잉 **가방과 파우치 26**

26작품 수록 / 130쪽

실물크기 패턴 2매(4면) 26종 수록 / 정가 15,000원

다양하고 실용적인 가방과 파우치를 소개합니다. 난이도별 3가지 테마로 총 26작품의 아이템들이 수록되어 있으며, All color 일러스트 제작 설명서와 전 작품 실물크기 패턴을 수록하여 초보자들도 쉽고 즐겁게 만들 수 있도록 도와줍니다. 쉽고 간단한 나만의 가방을 만들어보세요.

vol.18
리넨으로 시작하는 **여성복 만들기**

26작품 수록 / 130쪽

실물크기 패턴 2매(4면) 26종 수록 / 정가 15,000원

입을수록 멋스러운 리넨 여성복을 소개합니다. 블라우스, 스커트, 팬츠, 원피스, 자켓 코디 아이템 등 다양한 아이템들이 수록되어 있으며, All Color 일러스트 제작 설명서와 소잉에 필요한 다양한 팁을 소개하고 있어 쉽고 즐겁게 작품을 만들 수 있도록 도와줍니다. 친절한 소잉 하루에와 함께 나만의 리넨 의상을 직접 만들어 보세요.

소잉스토리는 소잉D.I.Y 취미실용서를 출간합니다. www.sewingstory.com

※ 각 서적에는 All Color 사진설명서/ 일러스트 제작설명서가 들어있어 초보자들도 쉽게 따라 만들 수 있습니다. 각 사이즈별로 그레이딩된 패턴도 함께 들어있습니다.

위 서적들은 패션 스타트 (www.fashionstart.net), 심플소잉(www.simplesewing.co.kr), 퀼트스타 (www.quiltstar.co.kr) 및 온/오프라인 서점에서 구입하실 수 있습니다.

Happy Bears
Sewing Notion

| FROM HAPPY BEARS

완제품 못지않은 근사한 핸드메이드 가방 제작을 위해 준비된 총 6가지의 해피베어스 추천 아이템을 만나보세요!

심지, 솜, 가방 바닥판 등 일반적인 보강재들과는 다른 프리미엄 보강심지 부터 내구성, 실용성, 심미성을 고루다 갖춘 고급스러운 소잉지퍼, 그리고 멋진 마침표를 찍어줄 작지만 기특한 데코 부자재까지. 작품의 컨셉에 맞게 부자재를 적절히 잘 사용한다면 지금까지와는 다른 퀄리티로, 더욱 완성도 높은 작품으로 마무리할 수 있을 거예요 :)

해피베어스는 핸드메이드의 가치를 더욱 높일 수 있도록 다양한 소잉 부자재를 기획하고 만드는 SEWING DIY 부자재 전문 브랜드입니다.

01 슬림하지만 힘있게
프리미엄 보강심지_스트롱

얇고 가벼운 스트롱 보강심지는 가죽 텍스처 느낌의 탄탄한 외형으로 작품을 슬림하지만 힘있게 보강할 수 있습니다. 모양(shape)이나 힘을 주고 싶은 가방, 클러치 등의 작품에 사용하기 좋습니다. 봉제후에 보강심지를 집어넣는 방법이나 접착 스프레이로 원단 안쪽에 부착하여 사용합니다. 부착 후 솜고정용 심지로 둘레를 임시 고정해주면 더욱 좋습니다.

SIZE 약 폭 55 X 길이 75cm / 두께 0.4mm
PRICE 4,000 won

02 부드럽지만 힘있게
프리미엄 보강심지_소프트

부드러운 외형의 소프트 보강심지는 톡톡하고 탄성이 좋기 때문에 작품에 사용되었을 때, 부드러운 외관을 연출하면서도 힘있게 보강됩니다. 보스턴백 등 형태 유지가 필요한 큰 작품이나 둥근 실루엣을 가진 토트백, 클러치, 서류 가방 등의 작품에 사용하기 좋습니다. 파워 멜트 심지나 접착 스프레이로 원단 안쪽에 부착하여 사용합니다.

SIZE 약 폭 57 X 길이 90cm / 두께 1.2mm
PRICE 5,000 won

03 도톰하고 푹신한
프리미엄 보강심지_푸딩

두께감 있고, 푹신푹신한 텍스처의 푸딩 보강심지는 작품에 큰 안정감을 줄 수 있기 때문에 백팩 제작 시 가방끈이나 등판에 사용하거나 충격 흡수가 필요한 파우치 등의 보강용으로 사용하기 좋습니다. 봉제 후 안쪽 내부 보강용으로 집어넣어서 사용하며, 큰 땀 길이로 고정용 상침만 가능합니다.

SIZE 약 폭 50 X 길이 100cm / 두께 약 5mm
PRICE 4,500 won

04 퀄리티 높은 작품을 위해
솔리드 코일 지퍼

일반적인 슬림 코일 지퍼에 비해 넓은 폭으로, 큰 작품에 작업해도 안정감이 있어 작품이 가벼워 보이지 않고, 더욱 세련된 멋을 느낄 수 있습니다. 큰 작품에는 투웨이 형식으로, 작은 작품에는 원하는 사이즈로 잘라서 사용하세요. 총 25가지의 다양한 컬러로 구성되어 있고 슬라이더는 실버, 앤틱 골드로 별도 구입 후 교체 가능합니다.

SIZE 약 폭 3 X 길이 100cm
PRICE 5,800 won

05 지퍼만으로도 포인트 ok
꾸뛰르 소잉 지퍼

고급스러운 가죽 소재의 슬라이더와 내구성 좋고 색감도 예쁜 지퍼 이빨(zipper teeth)이 포인트인 소잉 지퍼입니다. 레터링이 디자인되어 있어 더욱 멋스럽고, 인조가죽으로 제작되어 세탁 또한 자유롭습니다. 의상, 소품, 홈패션, 퀼트 작품 등 다양한 곳에 잘 어울립니다.

SIZE 약 폭 2.2cm / 길이 20, 30, 40, 50, 75cm
PRICE 2,200~5,800 won

06 작품의 근사한 마무리
본 샹스 가죽라벨

2% 부족한 작품에는 가죽라벨 하나면 OK! 행운을 뜻하는 Bonne Chance라는 프랑스어와 GOOD LUCK이라는 영어가 함께 새겨진 레터링 가죽라벨은 어떠세요? 다양한 곳에 잘 어울리며, 작품에 확실한 포인트를 줄 수 있습니다. 손바느질 또는 양면징을 사용하여 데코해 보세요.

SIZE 약 가로 5 X 세로 2cm
PRICE 2EA / 1,600 won

〈상품구매처〉 패션스타트/ 패션스타트NCC 대리점/ 심플소잉/ 심플소잉NCC 대리점/ 퀼트스타/ 그외 온 · 오프라인

더 자세한 상품 정보는
QR코드를 확인해주세요.

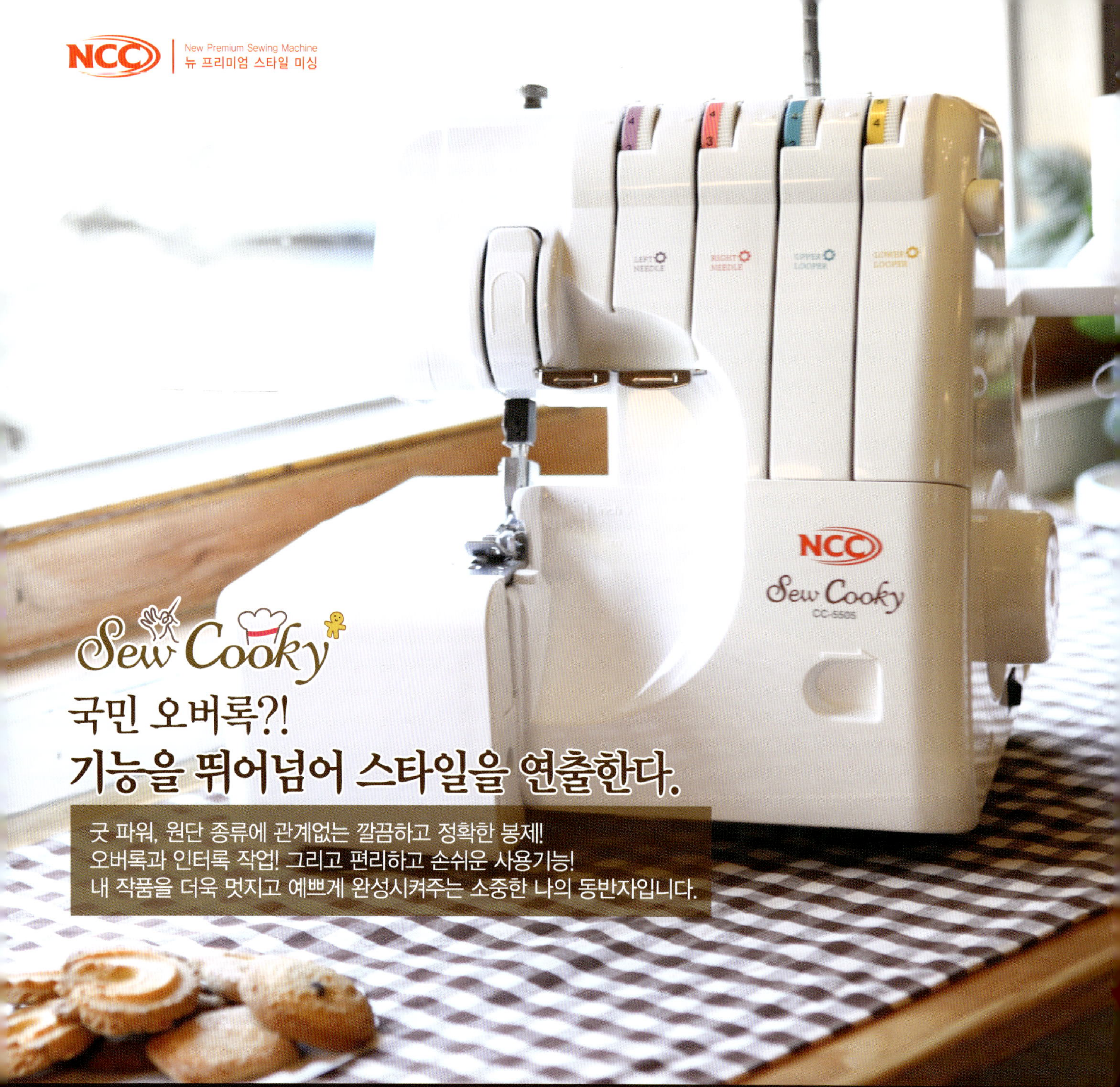
NCC
New Premium Sewing Machine
뉴 프리미엄 스타일 미싱
LEFT NEEDLE
RIGHT NEEDLE
UPPER LOOPER
LOWER LOOPER
NCC
Sew Cooky
CC-5505
Sew Cooky
국민 오버록?!
기능을 뛰어넘어 스타일을 연출한다.
굿 파워, 원단 종류에 관계없는 깔끔하고 정확한 봉제!
오버록과 인터록 작업! 그리고 편리하고 손쉬운 사용기능!
내 작품을 더욱 멋지고 예쁘게 완성시켜주는 소중한 나의 동반자입니다.

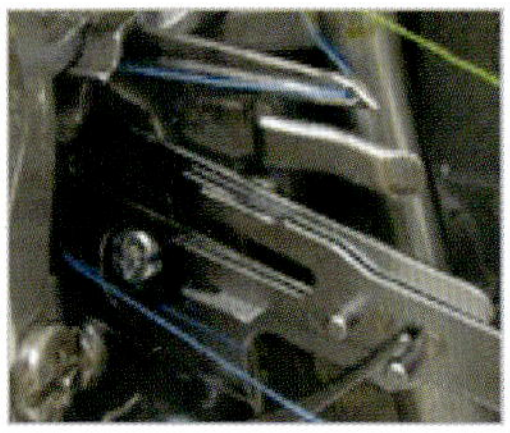

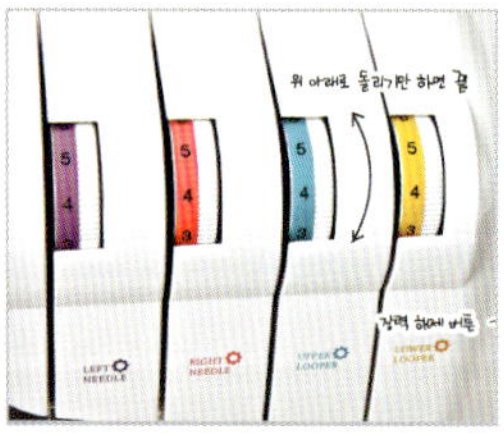

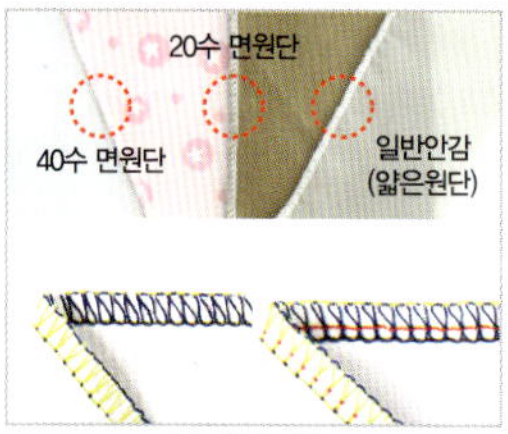